视频讲解版

Word其实不简单 这样用就“对”了

张卓◎著

中国水利水电出版社
www.waterpub.com.cn
·北京·

内 容 提 要

《Word 其实不简单，这样用就“对”了》是一本以工作流的方式介绍 Word 的使用方法，摒弃了传统的根据菜单或者功能的方式来进行编排的书。本书以长篇文档的编辑为例，通过标书的制作，讲述如何既快又好还美地进行长文档的排版（先“快”，再“好”，最后是“美”），从而把 Word 从样式的设置到目录、页眉、页脚、页码的排版全部贯穿于一个“标书”的案例中，让读者能够一气呵成地完成一篇专业且精美的文档制作。

全书内容紧凑、生动且极具实用性。同时，作者还把论文、标书等长篇文档的排版逻辑及进阶要素进行了详细的说明，让读者不仅仅学到关键技能，而且还能够举一反三，真正掌握 Word 排版技巧。

本书有一大亮点，即以师徒对话的形式，将 Word 使用过程中可能会出现的各种问题及相应的解决方法一一展现给读者。读者在阅读的时候犹如身临其境，感同身受，很多操作只要看书就能立刻明白。

本书操作的版本为 Microsoft Office Word 2013/2016。

图书在版编目(CIP)数据

Word其实不简单，这样用就“对”了 / 张卓著.
—北京：中国水利水电出版社，2019.2
ISBN 978-7-5170-7318-5

Ⅰ.①W… Ⅱ.①张… Ⅲ.①文字处理系统
Ⅳ.①TP391.12

中国版本图书馆CIP数据核字(2018)第302325号

书　　名	Word 其实不简单，这样用就“对”了 Word QISHI BU JIANDAN, ZHEYANG YONG JIU"DUI"LE
作　　者	张卓 著
出版发行	中国水利水电出版社 （北京市海淀区玉渊潭南路 1 号 D 座 100038） 网址：www.waterpub.com.cn E-mail：zhiboshangshu@163.com 电话：（010）62572966-2205/2266/2201（营销中心）
经　　售	北京科水图书销售中心（零售） 电话：（010）88383994、63202643、68545874 全国各地新华书店和相关出版物销售网点
排　　版	北京智博尚书文化传媒有限公司
印　　刷	河北华商印刷有限公司
规　　格	180mm×210mm　24 开本　10.25 印张　373 千字　1 插页
版　　次	2019 年 2 月第 1 版　2019 年 2 月第 1 次印刷
印　　数	0001-5000 册
定　　价	69.80 元

Word 技能是日积月累的。有些操作需要在录入文字的时候同步设置，这样才方便进行后续的调整，否则等全文写完后再临时百度，可能就来不及啦！想知道这些实用技巧吗？想让自己变成办公室 Word“一哥”或者“一姐”吗？敬请期待张卓老师的新书——《Word 其实不简单，这样用就“对”了》。每天五分钟，你也可以是 Word“大牛”！

——招商银行　沙　韵

用了十多年 Word、Excel，然而听了 Word 哥的课才知道错过了多少好的技巧和功能。掌握了这些知识和技能，从此我也牛气起来了。

—— 南洋商业银行　焦　澄

带着好奇、探究、学习的心理走进了张卓老师的 Word 课堂，跟随着他学习每个操作技巧，每节课都有意想不到的收获。还应了“不学不知道，Word 世界真奇妙！”那句话，省时，省力，又专业！

他的每节课细节中都透露出“阵法”，像是武林秘籍一样，荡漾在你脑海，激起阵阵涟漪。听说他要出书了，祝贺的同时也期待早日拜读大作。

——华北油田通益优佳幼教连锁机构　王芳莉

推荐《Word 其实不简单，这样用就“对”了》！

有幸参加过张老师的培训课，课堂教学如同一幕幕精彩的魔术表演，配合身边此起彼伏的WOW，华丽、酷炫，还十分“高级”。买下此书，轮到你上场表演喽！

——中智上海经济技术合作有限公司　施　烨

有幸参加了Word哥的培训课程，收获良多。在其中学到的不仅是知识，更是老师认知浓缩的精华，以及对培训的热情。与过往阅读的Office书籍不同的有以下几点。

（1）从受众群体来说，书籍永远是从功能来讲方法，没有划分用户群体，而老师是从你的需求出发来讲解技巧，切入实际。

（2）从功能描述上来说，书籍是对功能的描述，依靠读者记忆来吸收要点，而老师是从根本上让学员理解原理，再介绍方法，比起死记硬背效果要好得多。

（3）从受教模式来说，书籍是培训和教育，而老师是充满激情地演讲和互动，让人能全身心地投入到学习中，效果倍增。如果有幸，希望还能参加老师其他所有的课程，那将是受益匪浅的旅程……

——中智上海经济技术合作有限公司　余　好

前言

我是张卓，从事微软 Office 培训将近 20 年。从新东方的 Office 讲师再到微软公司的 Office 技术支持，虽然是不同性质的公司和岗位，但核心工作只有一项，就是给不同企业的员工进行 Office 应用培训。截止到 2018 年年底，邀请我培训的企业已经超过 2000 家，绝大多数都是全球 500 强和中国 500 强企业。

为什么我能够把 Word 讲得透彻呢？大多数人都认为是因为我曾经在微软公司工作的原因，其实并不是，我对于文字排版的兴趣要追溯到小时候。我妈妈是工厂的打字员，当时不到 10 岁的我每天看着妈妈使用铅字打字机打字，那时候我就了解了什么是排版。高中的时候我有了自己的第一台 386 电脑。刚开始使用时，妈妈就会指导我进行排版。当时只是觉得有趣，后来大学毕业写论文的时候，我的排版技能把同学都“吓”懵了，那叫一个轻松，那时候，我才发现原来绝大多数人根本就不懂得排版，只是会打字。我能够 3 分钟搞定的目录、页码、页眉、页脚，他们通常得用 1 ～ 2 个小时左右甚至更多时间才能完成。

2006 年，北京的一家律师事务所邀请我为其员工做一期 Office 系列培训，有一个学员让我印象非常深刻。她进入这家律师事务所 2 年，是这家律师事务所一位知名律师的助手之一。她对于使用 Word 的理解就是“打字快就是会用 Word”，完全不懂什么是排版，所以成天没完没了地加班。我问清楚来龙去脉，发现其中很大的原因是 Word 使用方法的问题，不懂样式，不知道什么是分节，更不知道目录还能自动生成。

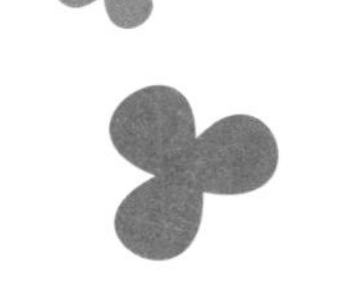

在听过我的 Word 课后，原来好几个小时才能勉强排好版的文档，她几分钟就搞定了，而且样式美观，重点是

不怕调整。尝到甜头的她，开始勤学苦练。功夫不负有心人，成效十分显著——对老板提出的文档要求通常都能够做到迅速修改和调整文档，处理得整洁、美观。效率高了，心情也好了，也不再抱怨老板的苛刻了。后来，再次去她们公司培训的时候，发现她已经开始接案子，手下已经有了3个助理了，其年薪也早已过百万了。

2018年我接受“十点课堂”的邀请，第一次使用视频教学的方式精心录制了首堂正式的互联网课程——办公神奇，12堂颠覆传统的Word进阶必修课。课程推出的第一个月就售出1万份，许多资深办公族通过这一课程“再次”认识了Word。也正因为如此，在我的好朋友伍昊老师的推荐和鼓励下，我开始尝试将自己将近二十年所讲授的Word技巧和使用方法编辑成书。另外，本书在写作过程中也得到了知识达人陈樑颖老师的指导，在此一并表示衷心的感谢。相对于其他同类书籍，本书的主要特色是让一本讲技术的书也能变得生动活泼。不仅如此，本书最大的亮点是每一个技巧知识点都附带二维码，读者可以通过手机扫描二维码，直接观看与书配套的操作视频。这些为读者着想的贴心版块都要归功于本书的策划编辑秦甲老师。

翻开这本书的你，不论你是我的学生或者粉丝，还是从未听过我课程的读者，请收下我对你们的感谢。作为回报，我也会更用心地解答大家的问题。

目录 CONTENTS

第 1 课　高效操作——会这几招就不同凡响 /1

1.1　鼠标这样用，99% 的人不知道 /2

1.2　成为 Word 高手必会快捷键 /5

1.2.1　Ctrl+]/6

1.2.2　Shift+F3/7

1.3　百度都搜不到的快捷键，用起来欲罢不能 /8

1.4　工作中的编号，“自动”还是“手动”，如何才听你指挥 /13

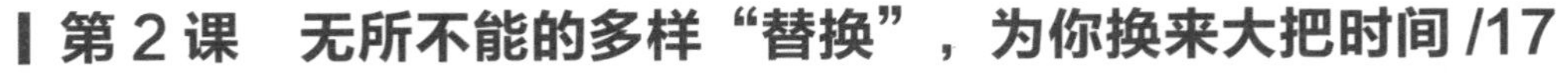

第 2 课　无所不能的多样“替换”，为你换来大把时间 /17

2.1　迅速“点亮”（加粗、加背景色等）所有关键人名 /18

2.2　样式的替换，让我们彻底告别“格式刷”/20

2.3　段落标记的替换（解决复制网页带来太多空行的问题）/24

2.4　用通配符替换身份证出生日期信息 / 手机号码中间 4 位 /28

第 3 课　长文档的排版，又快又好又美之快 /31

3.1　格式刷 VS 双击格式刷　/32

3.2　样式的设置方法　/34

3.2.1　什么是样式/34

3.2.2　样式的设定/37

3.3　导航窗格与样式、段落结构的调整 /39

3.3.1　迅速修改相同级别标题的格式/39

3.3.2　迅速定位到想要查看的章节/42

3.4　Word 哥神技之秒转 PPT/43

第 4 课　长文档的排版，又快又好又美之好 /47

4.1　插入目录——Word 帮你一秒生成目录 /48

4.2　目录样式——一眼能看穿的目录级别设置 /51

4.3　分页与分节——抓住让你的 Word 文档混乱的捣蛋鬼　/53

4.3.1　分页/53

4.3.2　分节，只有1%的人才知道Word的重要单位/54

4.3.3　页眉与分节——懂得分节，Word排版无困扰/65

4.4　一些注意事项 /67

第 5 课　长文档的排版，又快又好又美之美 /69

5.1　分节与页眉不同——我的页眉要和章节标题一样！ /72

5.2　强迫症福音——去掉页眉中的横线 /74

5.3　设置每一章的门面——分节中的首页不同 /76

5.4　双面打印——分节中的奇偶页不同 /77

5.5　装扮好文档的每一面—美化封面、目录、每一章的首页 /80

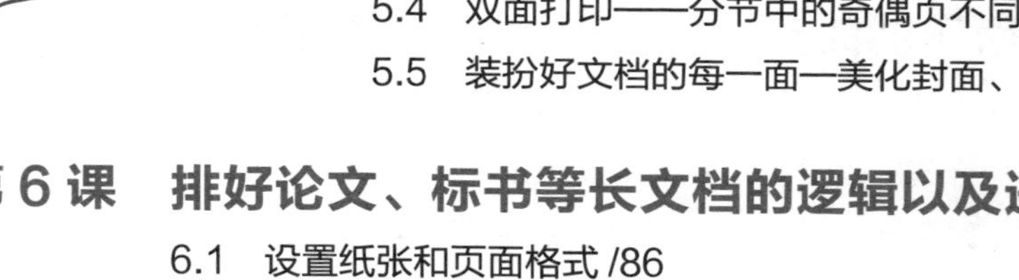

第 6 课　排好论文、标书等长文档的逻辑以及进阶规划 /85

6.1　设置纸张和页面格式 /86

6.2　样式设定你需要了解更多，进一步了解段落和样式 /88

6.3　分节设定的意义 /90

6.4　页眉和页脚及制作目录回顾 /91

6.5　双面文档的打印设置 /91

6.6　水印其实很简单，Word 也会“偷懒”/97

6.7　给你的眼睛一个最舒服的阅读环境——行间距的设置 /99

6.8　泾渭分明——段间距 /99

6.9　格式的清除和分节符的清除 /101

第 7 课　Word 中的表格功能很强大，做出的报表不会“输”给 Excel/103

7.1　开篇：Excel 表格和 Word 表格的区别 /105
7.2　意想不到的 Word 表格排版功能 /106
7.3　神奇操作——文本转化为表格 /110
7.4　好看又美观的表格美化 /116
7.5　一键解决表头的跨页重复问题 /117
7.6　Word 表格也有统计功能 /117
7.7　制作简历，使用表格出现的问题 /119

第 8 课　下划线填写：由你掌控不会乱跑 /123

8.1　文档排版不用愁，Word 表格帮助你 /125
8.2　合同、表单的填空区要这样设置才叫高手——窗体 /128
8.3　保护文档，尽量让用户填写窗体 /135

第 9 课　让办公不再忙乱：团队统一文档模板 /139

9.1　一键式排版功能——本机模板 / 搜索模板 /141
9.2　创建公司统一的文档模板 /145
9.3　保存公司统一的模板文档 /146
9.4　使用公司统一的模板文档 /147
9.5　文档保护——限制编辑：用了我的模板，就得听我的！ /148
9.6　常见问题：限制的是格式不是内容 /150

第 10 课　又快又美地搞定总结报告中的各种关系图 /155

10.1　SmartArt 的基本用法 /159
10.2　增加形状 /161

10.3 选择形状与颜色 /162

10.4 快速制作公司组织结构图的秘诀 /163

10.4.1 基础画法/163

10.4.2 更改结构/165

10.4.3 配色方案/167

10.5 SmartArt 做不到的流程图制作 /168

10.5.1 创建形状/169

10.5.2 选择对象/171

10.5.3 排列对齐/171

10.5.4 分布 | 调整间距/172

10.5.5 连线小技巧 | 使用PPT画流程图/173

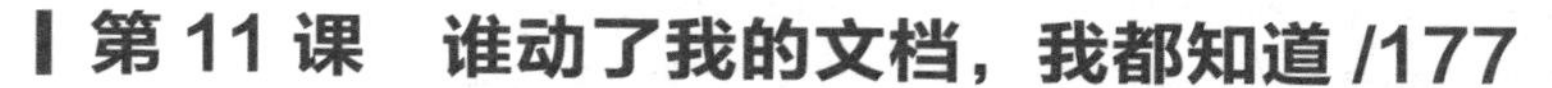

第 11 课 谁动了我的文档，我都知道 /177

11.1 批注与修订功能解读 /180

11.2 对文件进行批注与修订 /181

11.2.1 批注和修订/181

11.2.2 接受或拒绝修订/183

11.2.3 删除批注/184

11.2.4 “修订”状态时的标记/185

11.3 自动修订状态，记录你文档的每一个操作 /188

11.4 对“批注”做“限制编辑”/189

11.5 Word 中的“福尔摩斯”——比较文档 /191

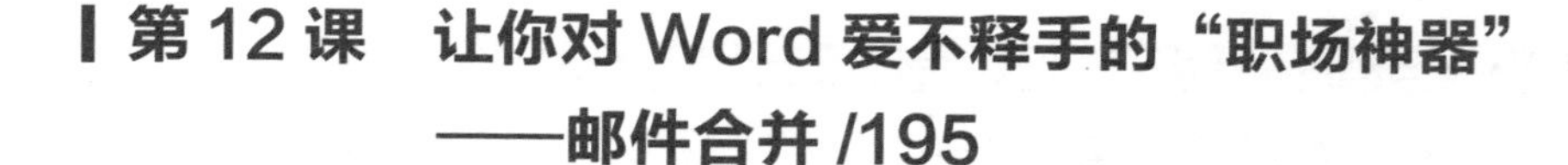

第 12 课 让你对 Word 爱不释手的“职场神器”——邮件合并 /195

12.1 Word 邮件合并你知不知 /197

12.2 邮件合并制作邀请函 /198

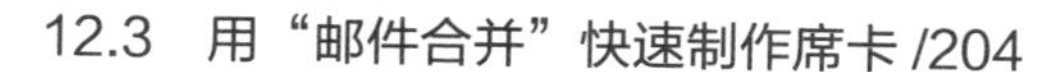

12.3 用“邮件合并”快速制作席卡 /204
12.4 如何快速地批量发送邮件 /207
12.5 批量制作工资条的小妙招 /209
12.6 带图片的邮件合并 /212
12.6.1 准备工作/212
12.6.2 开始带图片的邮件合并/213

第 13 课 你不知道但很实用的功能 /217

13.1 输入 $\lim\limits_{x\to\infty}(\sin\sqrt{x+1}-\sin\sqrt{x})$ 这样的公式其实很简单 /218
13.2 5 种线条和公文 /222
13.2.1 5种横线的小技巧/224
13.2.2 双行合一/225
13.3 拼音指南 /226
13.4 Word 转 PDF/230
13.5 保存技巧 /232

第1课　高效操作——会这几招就不同凡响

张卓

张卓话不多，人称“Word哥”。我是张卓老师！
都说职场如江湖，只有身怀绝技、出手不凡，才能在职场中如鱼得水。
就Word这门技术而言，在中国大地，精通者少之又少，十有八九都是一知半解。
比如小虾，大学就自学Word，工作两年了，Word操作水平之低实在是惨不忍睹。

小虾

张老师，那今天你会为我们带来什么别人不知道的操作技巧呢？来演示一番吧！

1.1　鼠标这样用，99%的人不知道

张卓：小虾，新建文档，如图1-1所示，我想从这里开始输入。

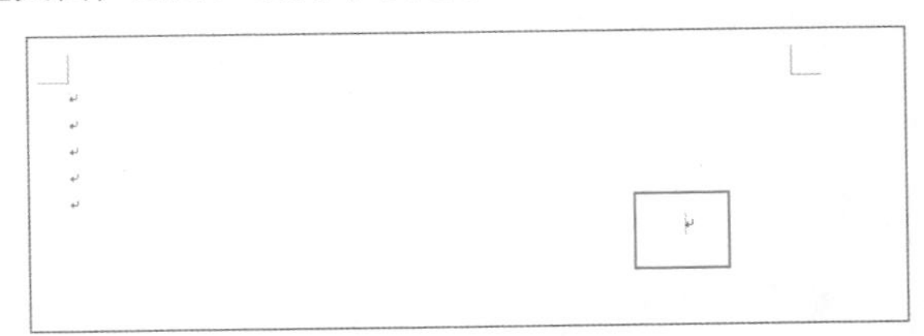

图1-1　输入位置

小虾：回车回车空格空格。

张卓指着另外一个位置：那从这里输入呢？

小虾摇摇头：回车回车空格空格，简单。

张卓：嗯，你做得很好。99%的人都是这样做的。这就是“民间操作”。以后别这么干了，费事。

小虾：什么？

张卓：看我的！

第一步：把光标移动到要输入的那个位置上。

注意

不是把鼠标提起来放在屏幕对应的位置上，而是将鼠标指针移动到要输入的位置上。

第二步：双击鼠标左键。

第三步：输入你需要的内容。

就是如此简单，啪啪两下，省去你“一路”回车空格的时间，是不是很酷？

小虾：双击鼠标这种小技巧，不就是纯属炫技吗？没什么实质用处。

张卓：如果你认为“双击鼠标”就是只能做这个，那你就太小看它了。

如图1-2所示是某公司内部的测试题文档，这样的文档你一定不陌生吧？然而令人不爽的感觉从一开始就出现了，那就是需要输入姓名、部门和员工编号。

公司 Office 办公软件能力测试

姓名：小虾米　　部门：人力资源部　　员工编号：

图1-2　公司测试题

当我输入“小虾米”后，“部门：”两个字被迫让位；在输入完“人力资源部”后，“员工编号：”已经被挤到“墙根”了。

怎么办？你一定心里在想，那还用问吗?赶紧把前面多余的空格删除啊，让“员工编号：”退回来一些，再输入不就行了吗？

没错，这就是民间常用的方法。接下来，我来给大家演示一下“高手”是怎么搞定的。

第一步：先把原来的这一行文字删除，然后输入“姓名：”。

注意关键时刻来了！当你想要在图1-3所示位置输入“部门：”时，我猜你是这样做的：不停地按空格键，直到光标停在这个位置上。

但恰恰就是这个操作直接导致在后面的操作中要不停地删除前面多余的空格。

姓名：

图1-3　“部门：”输入位置

这个时候，最简单、最快捷，也是最酷的做法就是，把鼠标指针定位在要输入“部门：”这个位置。

第二步：双击，接着输入“部门：”，如图1-4所示。

姓名：　　　　部门：

图1-4　“部门：”输入

第三步：同样地，把鼠标指针定位在要输入“员工编号：”的位置，然后双击，输入“员工编号：”。好了，结束，结果如图1-5所示。

姓名：　　　　部门：　　　　员工编号：

图1-5　“员工编号：”输入

小虾：这样输入的文字，跟我们之前那样做看上去也没什么区别呀？顶多就是快了那么一点点，为什么要说你的最酷呢？

张卓：好问题！接下来，我们在“姓名：”后输入“小虾米”，如图1-6所示。发现了吗？这时“部门：”并没有随着我输入“小虾米”而往后退，而是定在那里纹丝不动。

姓名：小虾米　　　　部门：　　　　员工编号：

图1-6　操作示范1

接着，我们在“部门：”后面输入“人力资源部”。看见了吗？“员工编号：”并不会跟之前一样往后“走”，如图1-7所示。这样的输入是不是很轻松呢？

姓名：小虾米	部门：人力资源部	员工编号：

图1-7　操作示范2

小虾：原来还能这样！

张卓：怎么样，你已经明白我刚才讲的技巧了吧？不急，给你一个实际工作中的例子。

一份合同的末尾，我们通常都要输入“甲方”和“乙方”；如果是三方合同，则还有个“丙方”。

如果甲方公司名称比较长，会发生什么？是不是“乙方”两个字也往后“跑”了？那么如何避免这个问题呢？

我想你一定已经知道啦。对，“**双击输入**”。

双击鼠标，定位起始输入位置。简单而又实用，对不对？

小虾：是，这个技巧还是比较简单的！

张卓：行，那么我们进入第二节，教你用快捷键。

本节要点回顾

双击鼠标可以快速定位起始输入位置。

1.2　成为Word高手必会快捷键

Word想要用得好，真的不是快捷键了解越多越好。绝大多数快捷键大家都可以搜索到的。在你的手机或者计算机里是不是多多少少也收藏了一些，诸如《Office快捷键大全》之类的，以备不时之需吧？可惜啊，绝大多数人收藏后就再也不看了，后面的工作和原来没有什么不同。今天，我就来跟大家说两个你一定用得着的快捷键。

1.2.1 Ctrl+]

张卓：这里有一份文档，标题要放大字号，如图1-8所示。

图1-8　字号放大

小虾：你要多大字号？初号吗？

还没等张卓回答，小虾便在“开始”选项卡下“字体”组中单击“字号”右边的下拉按钮，在弹出的下拉列表中毫不犹豫地选择了“初号”。

可惜，出来的效果是文字太大以至于第1行放不下了，如图1-9所示。

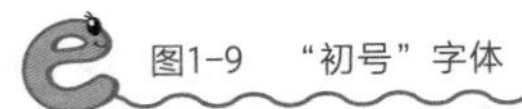
图1-9　“初号”字体

张卓：哈哈，你看这一行都装不下了。

小虾：那我直接在“字号”下拉列表中选择下面的数字不就完了吗？

但很快，他就发现36号字太大，换行了；28号字虽然没换行，但感觉还能再大点儿……怎么办？只能手动输入数字了，如图1-10所示。

张卓：小虾的操作是不是大家都很熟悉呀？那究竟如何做，才能又快又准地找到并且调整好自己想要的字号呢？让我们来看看第一个快捷键的功能。

第一步：用鼠标选中需要放大的一行文字。

第二步：在键盘上同时按下 Ctrl 和](右方括号)两个键，不要松手。

现在字号自动放大了，注意直到文字放大到你所需要的大小后再松开，如图1-11所示。这样是不是很快呢？

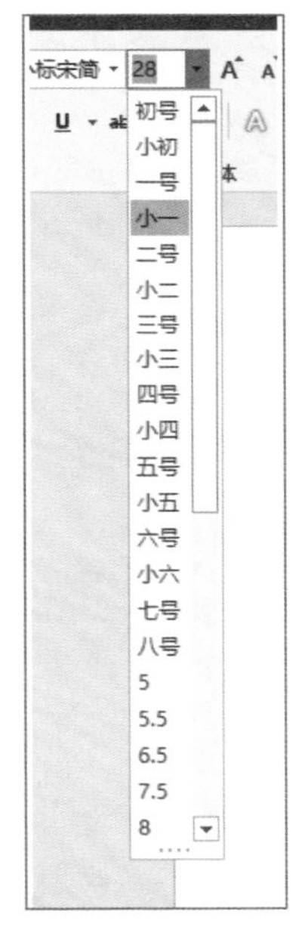

图1-10　“字号”下拉列表

图1-11　放大后的字号

如果说之前那种通过在“字号”框中输入数值来放大字号叫作“手动挡”，那么Ctrl+]这个快捷键就叫作“自动挡”，无级变速，所见即所得，又快又方便啦！

既然Ctrl加右方括号是放大字号，那么缩小字号的快捷键是哪个呢？

1.2.2 Shift+F3

小虾：哇，张老师再来一个！

张卓：这里有一份英文文档，标题是Microsoft Office Word，如图1-12所示。我在输入后发现，标题中除了句首字母是自动大写的以外，其他字母都是小写，而我希望达到的效果是每一个单词的首字母都要大写，如图1-13所示。这时应该怎么做？

Microsoft office word

Microsoft Office Word

图1-12　输入的英文单词

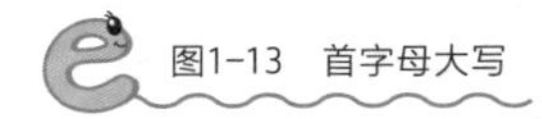
图1-13　首字母大写

小虾：老师别卖关子了，告诉我吧！

张卓：有什么办法能够快速切换吗？很简单。

第一步：选中要更改大小写的英文文字。

第二步：按快捷键Shift+F3，看看是不是变换了？

你可以长按Shift键不动，然后跳跃着按F3键，发现什么了？

没错，其实切换英文的大小写、首字母大写和每个单词首字母大写的快捷键就这一个。

是不是操作起来快了很多？

部分笔记本电脑需要同时按住Fn键。

本节要点回顾

- Ctrl+]：快速放大字号。
- Ctrl+[：快速缩小字号。
- Shift+F3：快速切换英文大小写。

1.3　百度都搜不到的快捷键，用起来欲罢不能

小虾：张老师，来个难度大点的。

张卓：好，上难度。前几天我看新闻，报道说有一家公司的名称“超凡脱俗”，那叫一个长——“宝鸡有一群怀揣着梦想的少年相信在牛大叔的带领下会创造生命的奇迹网络科技有限公司”。请问，你每次输入这家公司的名称时都怎么做？

小虾：一字一字输入。

张卓：再听题。我遇到过这样一家公司，其公司简介是这样的：我公司是融科研、生产、销售三氯乙腈、双酚S二烯丙基醚、双酚S单烯丙基醚、双酚S和二烃基二苯砜(fēng)为一体的精细化工产业基地。请问“双酚S二烯丙基醚”或者“双酚S和二烃基二苯砜”这样的化学品名称，你在Word里是怎么输入的？

小虾：一个字一个字地输入，中英文切换啊。

张卓：民间操作都是这样的，太费事了！

下面先举个例子。你有没有见过诸如®或者©这样的标识？这些符号是如何输入Word里来的呢？

民间常用的办法是这样的：先插入一个圆形，然后在里面输入一个“R”或者“C”，最后把图形的背景色改成无色或者白色。以后你再也别这么干了，效率太低了。

如果你想输入®，只需这样做。

第一步：把输入法切换到英文输入法。

第二步：把光标定位在要出现这些符号的位置。

第三步：先输入一个左小括号“（”，接着输入字母“R”，大小写都可以。

第四步：再按照顺序输入一个右括号“)”。

怎么样？发现什么变化了吗？对了，®自动出现了，而且还乖乖地出现在文字右上方，如图1-14所示。怎么会这样呢？

Microsoft Office Word®

图1-14　符号显示

这个功能在Word中叫作“自动更正”。单击“文件”菜单项，在弹出的下拉菜单中选择“选项”命令，如图1-15所示。

在弹出的“Word选项”对话框中选择“校对”选项卡，然后在右侧的“自动更正选项”栏中单击“自动更正选项”按钮，如图1-16所示。

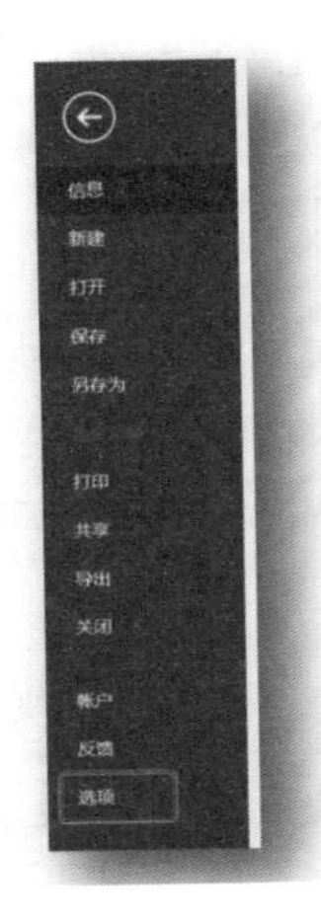

图1-15 “文件”菜单

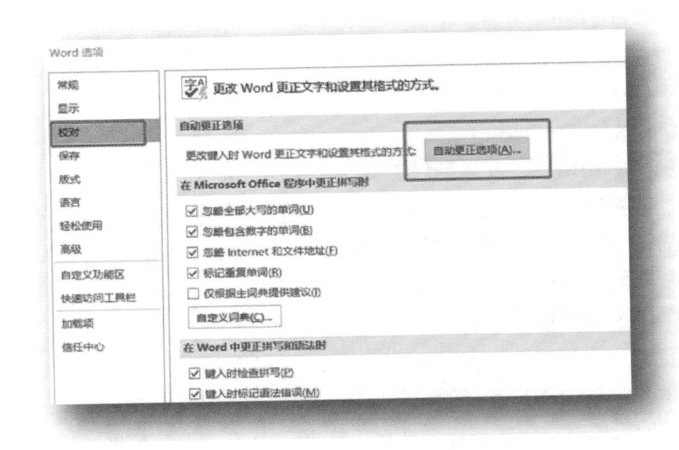

图1-16 “Word选项”对话框

在弹出的“自动更正：英语（美国）”对话框的下方勾选“键入时自动替换”复选框，如图1-17所示。

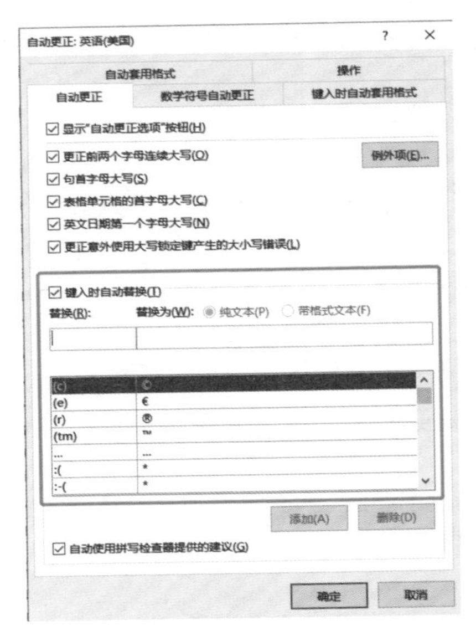

图1-17 “自动更正：英语（美国）”对话框

看到这里你就明白这些符号为什么能够这么快就出现了，那是因为它们都被设置了“自动替换”。

小虾：啥？还有这种操作！难怪我找了半天也没找到，原来这个符号藏在这里！

张卓：OK，回到那个最奇葩的公司名称和超级拗口的化学品名称上来。以后如果大家要在自己的文档中经常输入一些长句子或者生僻词句，不妨将它们先做一次自动替换。然后，就简单了。具体步骤如下。

第一步：先选中要自动替换的文字，如“双酚S二烯丙基醚”。

第二步：单击“文件”菜单项，在弹出的下拉菜单中选择“选项”命令，在弹出的“Word选项”对话框中选择“校对”选项卡，单击“自动更正选项”按钮。

第三步：打开“自动更正”对话框，可以看到“双酚S二烯丙基醚”已经出现在“替换为”文本框内，如图1-18所示。

第四步：在“替换”文本框中输入一个用来替代这一行文字的符号或者英文字符。

第五步：单击“添加”按钮，就完成了这次自定义的自动更正。

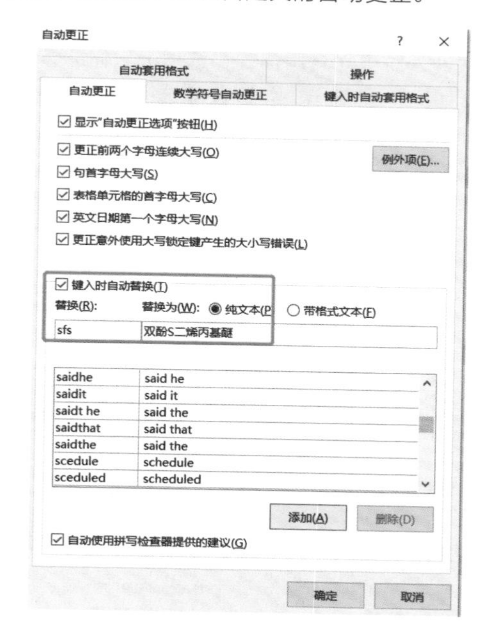

图1-18　“自动更正”对话框

如果以后要输入“双酚S二烯丙基醚”，只需输入“sfs”，然后回车，该化学品的名称就出现了。我把这一招叫作**缩略输入经常使用的短语、句子或者文字**。

小虾：好酷！Word竟然还能这样用！

张卓：怎么样，学会了吗？知道自动替换功能除了替换文字以外，还能替换什么吗？

小虾：图……图片？

张卓：图片！对，还能替换图片。

例如，我们经常会在文档中输入公司的Logo或某些常用图形，这些也都可以被自动替换。这样是不是很快？具体操作：选中Word中的需要被自动替换的图片，进入“自动更正”对话框，在下方的“替换”文本框中输入用来替代图片的符号或字符，最后单击“添加”按钮，这样就完成了图片的替换。尤其是当有人看着你操作的时候，这一招简直让对方“摸不着头脑”。

小虾：这招有点“变魔术”的感觉！

张卓：不着急，这招还没完呢！

如图1-19所示，回到“自动更正”对话框，这里我们有必要再仔细看一下这个功能还能够带给我们什么样的信息。

看到上面这个区域了吗？现在你知道，为什么你每次输入英文的时候总是首字母大写了吧，其实这也是一种“自动更正”。

另外，在该对话框中选择“键入时自动套用格式”选项卡，你会看到有一个名为“Internet及网络路径替换为超链接”的复选框，如图1-20所示。勾选该复选框，每次我们在Word中输入完一个网址或E-mail地址后，便会显示为“蓝色并且带有下划线”的超链接形式。如果希望以后输入网址或E-mail地址后不再以链接的方式出现，只需取消勾选该复选框即可。

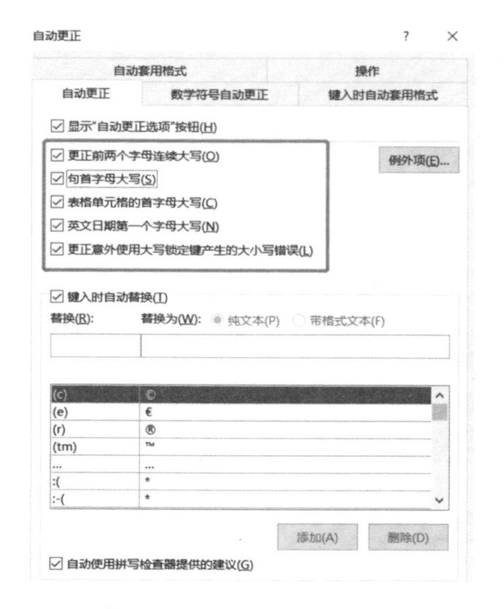

图1-19 “自动更正”对话框

图1-20 “Internet及网络路径替换为超链接”复选框

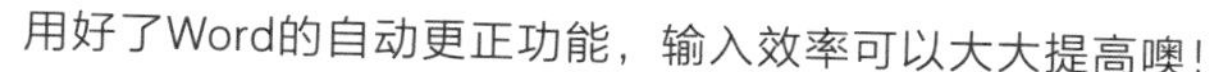

用好了Word的自动更正功能，输入效率可以大大提高噢！

1.4　工作中的编号，“自动”还是“手动”，如何才听你指挥

张卓：我再教教你如何快速编号。

要在Word文档中加入项目符号（黑点、菱形、彩色图标等）和编号，在日常工作中经常会遇到，但每次遇到编号的时候，我发现很多人都会“晕菜”，他们碰到的编号可不止5条。

如图1-21所示文档是小虾所在公司的规章制度，其中包括31条。

1. 认真贯彻党和国家的方针、政策、法律法规，并遵守有关法令法规，做到合法经营。
2. 主持公司的日常生产经营管理，实施公司年度经营计划；根据市场需求和公司实际，制定公司的市场运营、发展战略及规划。
3. 拟订公司的基本管理制度。领导公司建立各级组织机构，并按公司战略规划进行机构调整；制定各种规章制度，并深入贯彻实施；决定各职能部门主管的任免、报酬、奖惩。
4. 代表公司参加重大的内外活动，加强企业文化建设，抓好公司的文明建设，培育企业文化，提高职工素质，改善职工福利，搞好社会公共关系，树立公司良好的社会形象。
5. 定期主持召开员工座谈会，了解员工动向，指导生产、销售、服务的每个环节；检查、督促和协调各部门的工作进展情况。
6. 加强公司质量、环保、安全管理工作，负责处理公司重大突发事件，重大质量事故。对质量、环保、安全工作作出成绩的个人和集体进行表彰奖励。
7. 定期主持召开生产例会，质量、安全及经济活动分析会，并制定合理、可行的应变对策。
8. 充分发挥预测与计划，组织与指挥，督促与检查，教育与激励，革新与挖潜的各项工作。

图1-21　公司规章制度

当小虾把该文档交给老板的时候，老板就提了一个要求，结果小虾就又白白浪费了半个小时。老板到底提了什么要求，要做这么长时间?

老板说：请把制度中的第三条删除。当小虾删掉第三条后，发现后面的编号并没有随之更新，接着就开始一个个地更改编号。

我发现绝大多数看上去带有编号的文档都有这么一个特点，那就是在你全选整篇文档的时候，除了

第一条的编号是选不中的以外，其他的编号都是可选可改的，如图1-22所示。对吗？

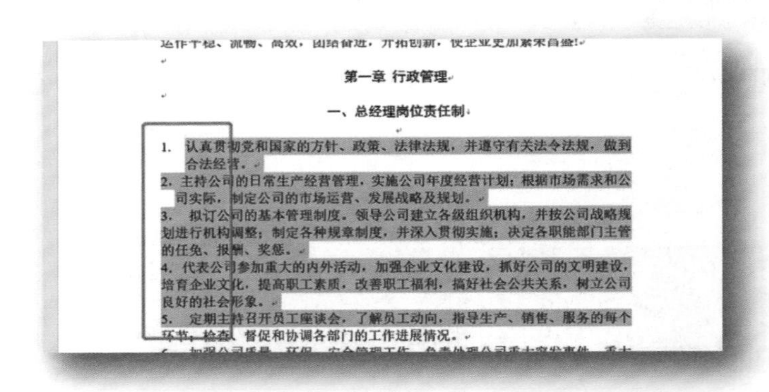

第一章 行政管理

一、总经理岗位责任制

1. 认真贯彻党和国家的方针、政策、法律法规，并遵守有关法令法规，做到合法经营。
2. 主持公司的日常生产经营管理，实施公司年度经营计划；根据市场需求和公司实际，制定公司的市场运营、发展战略及规划。
3. 拟订公司的基本管理制度，领导公司建立各级组织机构，并按公司战略规划进行机构调整；制定各种规章制度，并深入贯彻实施；决定各职能部门主管的任免、报酬、奖惩。
4. 代表公司参加重大的内外活动，加强企业文化建设，抓好公司的文明建设，培育企业文化，提高职工素质，改善职工福利，搞好社会公共关系，树立公司良好的社会形象。
5. 定期主持召开员工座谈会，了解员工动向，指导生产、销售、服务的每个环节，检查、督促和协调各部门的工作进展情况。

图1-22　公司规章制度

如果真的是这样，那么恭喜你，接下来如果编号有变动，你就又得开始“体力劳动”喽。

光改编号还不算，还有一个更让你头大的问题，那就是当你按Enter键切换到下一行的时候，你有可能会发现，上下两行的第一个字对不齐了，而且无论你怎么按空格键也对不齐，总是差半个字符，真让人抓狂啊。

张卓：怎么解决这两个问题呢？

这就要从大家刚刚输入第二条时的操作细节说起了。很多人在做这种有编号层级的文档时，第1行文字的编号通常是自动转化成“项目编号”的，但是后面的就要自己“手动输入”了，这是为什么呢？

因为编号的生成是基于“段落”的，也就是每新建一段，前面的编号都会更新，这是自动的，但这么简单的操作就偏偏有人搞不定，为何？

接下来我来说说关键中的关键，那就是 在Word中按一下Enter键，操作是什么意思？

小虾：换行！

张卓：错，不是换行，而是换段！

在Word中我们每按一下Enter键，光标就会移到下一行的最左边，如图1-23所示。这是Word在提示我们，已经切换到下一段了，因为“2”出现了。

1. 认真贯彻党和国家的方针、政策、法律法规，并遵守有关法令法规，做到合法经营。
2.

图1-23　换段

如果你不想出现“2”，只是想“换行”，那该如何操作呢？

那就用Shift+Enter组合键。按下Shift+Enter组合键在换行的同时，还能保证上下两行是对齐的。

还记得我们上一个技巧中的“键入时自动套用格式”选项卡吗？

如图1-24所示，在这里还有一个复选框，叫作“自动编号列表”。

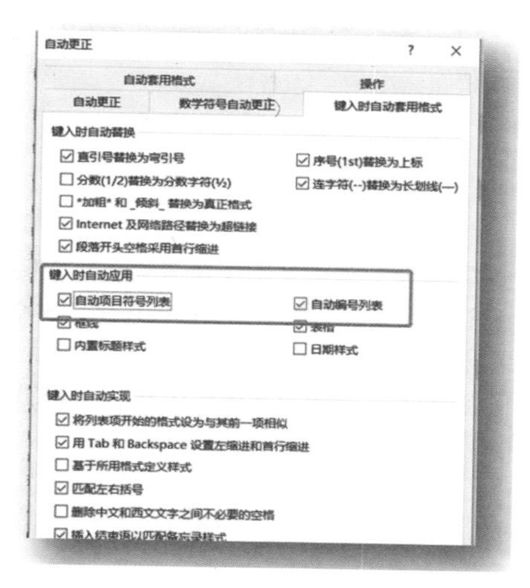

图1-24　自动编号列表

如果你希望Word文档编号不要自动更新，而是自己手写编号，那么就先在图1-24中取消勾选该复选框。

- 很简单，你只要记住在Word中回车（按Enter键）表示切换到下一段，编号就会自动连续下去。
- Shift+Enter组合键表示换行。这也是我们常说的软回车，编号不会自动生成。

再告诉你一种区分行、段的好办法。在Word中每一段的最后都有一个浅灰色的编辑标记，样子就像一个左拐弯的箭头，如图1-25所示。这个标记大家都经常见过吧？

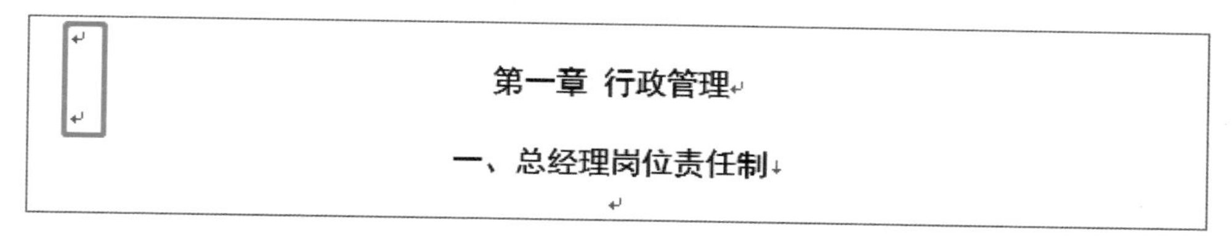

图1-25　段落标记

这个标记叫作“段落标记”，当你看到这个标记时，就说明刚才这一段到此结束了，接下来就是下一段了。

如图1-26所示标记大家也不陌生吧？

1. 认真贯彻党和国家的方针、政策、法律法规，并遵守有关法令法规，做到合法经营。↓
↓

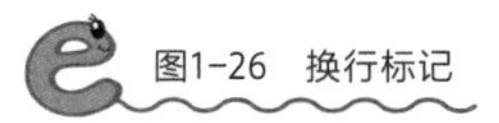

图1-26　换行标记

一个浅灰色向下的箭头，与“段落标记”的区别就是它是垂直向下的。你一定猜到了，没错，这个就是换行的标记。当你看到这个标记时，就说明文字到这里换行了。这个标记叫作“手动换行符”。

在Word中行和段的关系如果没有弄清楚，会给后面的排版带来很大的麻烦。因此，我借用上面这个例子简单介绍了Word中“段”和“行”的区别。在后面的课程所涉及的Word功能里，我也会强调“行”和“段”的区别所带来的文档修改方式的变化。

课后悄悄话

今天介绍了一些常被人忽略的Word操作技能，在我们日常工作中经常会用到。以往我们的做法都是埋头苦干，就像小虾一样，不仅费时费力，还做得这边漏一块那边缺一角，得不偿失。这节课是第一课，目的主要是带你重新认知Word那些具有颠覆性的功能。然而，这才是刚刚开始，别忘了赶紧操练起来哦。

课后小结

1. 按Shift+Enter组合键可以换行 。
2. 回车（按Enter键）可以换段。

第2课　无所不能的多样“替换”，为你换来大把时间

2.1 迅速“点亮”（加粗、加背景色等）所有关键人名

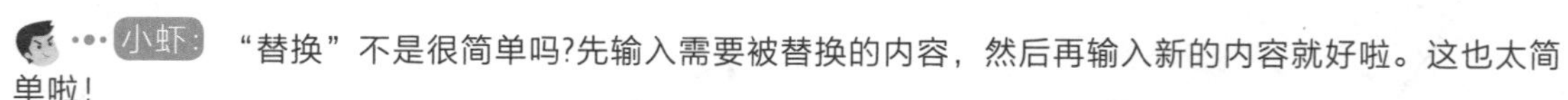

小虾：“替换”不是很简单吗?先输入需要被替换的内容，然后再输入新的内容就好啦。这也太简单啦！

如图2-1所示，要将某篇文档中的Windows XP替换为Windows 10，那就先单击“开始”选项卡下“编辑”组中的“替换”按钮，或者按快捷键Ctrl+H，在弹出的“查找和替换”对话框中选择“替换”选项卡，在“查找内容”文本框内输入“Windows XP”，接着在“替换为”文本框内输入“Windows 10”，然后单击“全部替换”按钮，文档中所有的Windows XP 就被替换成了Windows 10。

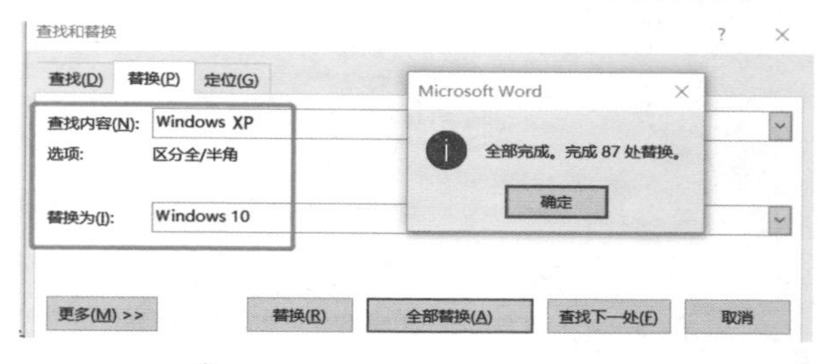

图2-1 Windows XP替换为Windows 10

张卓：嗯，你这招是最最最基本的替换了，将文字A替换为文字B。我来出道题：如果要把刚才替换好的文中所有Windows 10的字体由现在的 Times New Roman 替换为 Arial Unicode MS、字形改为“加粗”、字体颜色改为“蓝色”，又该如何做呢？

小虾：小意思，你看我分分钟搞定。

第一步：单击“开始”选项卡下“编辑”组中的“替换”按钮。

第二步：打开“查找和替换”对话框，选择“替换”选项卡，在“查找内容”文本框中输入“Windows 10”。如果你是接着上一步操作的话，那就不用输入了，因为只要不关闭文档，“替换”功能将自动保留上一次“查找内容”。

第三步：将“替换为”文本框中的内容清空，然后单击左下方的“更多”按钮，如图2-2所示。

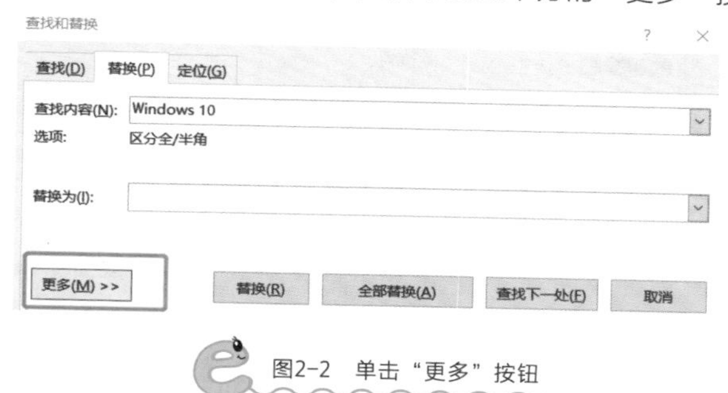

图2-2　单击“更多”按钮

第四步：单击底部的“格式”按钮，接着在弹出的菜单中选择“字体”命令，如图2-3所示。

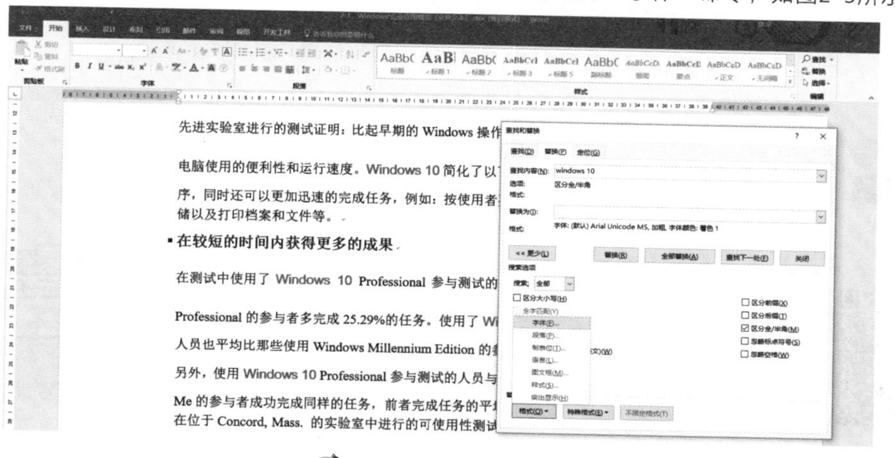

图2-3　单击“格式”按钮

第五步：打开“替换字体”对话框，选择“字体”选项卡，在“西文字体”下拉列表中选择Arial Unicode MS，同时设置“字形”为“加粗”，“字体颜色”为“蓝色”，如图2-4所示。

第六步：单击“确定”按钮，返回到“查找和替换”对话框。

第七步：单击“全部替换” 按钮。

此时可以看到，“查找内容”是Windows 10，“替换为”的内容为空，但在该文本框的下方有被替换的“格式”说明，如图2-5所示。

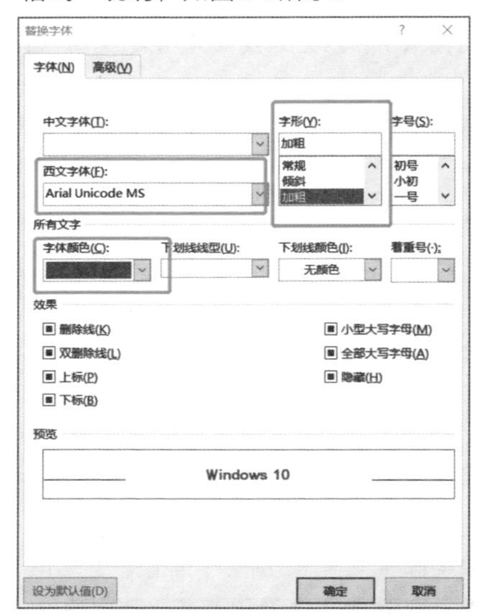

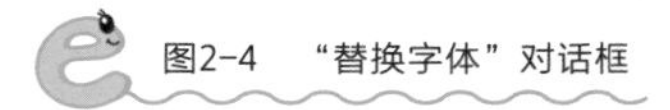
图2-4 “替换字体”对话框

图2-5 替换后的结果

小虾：大功告成！

张卓：嗯，不错，不错，果然有两下子。

2.2 样式的替换，让我们彻底告别“格式刷”

张卓：如图2-6所示是我徒弟小虾下载的小说节选。打开一看，居然有六百多页，所有文字都挤在一块儿，标题和正文不好分清，连个目录都没有。小虾看了几页，眼睛便开始困乏。于是他想，“那

我就给它整理一下呗！把每个章节的标题找出来，进行加粗，字号放大，不就好了吗？”做了十几分钟之后，小虾突然“啊”了一声，抱头站起，“受不了了，这六百多页，九十多万字，估计我一天都做不完啊。”

正文引子

盗墓不是请客吃饭，不是做文章，不是绘画绣花，不能那样雅致，那样从容不迫，文质彬彬，那样温良恭俭让，盗墓是一门技术，一门进行破坏的技术。古代贵族们建造坟墓的时候，一定是想方设法的防止被盗，故此无所不用其极，在墓中设置种种机关暗器，消息埋伏，有巨石、流沙、毒箭、毒虫、陷坑等等数不胜数。到了明代，受到西洋奇技淫巧的影响，一些大墓甚至用到了西洋的八宝转心机关，尤其是清代的帝陵，堪称集数千年防盗技术于一体的杰作，大军阀孙殿英想挖开东陵用里面的财宝充当军饷，起动大批军队，连挖带炸用了五六天才得手，其坚固程度可想而知。盗墓贼的课题就是千方百计的破解这些机关，进入墓中探宝。不过在现代，比起如何挖开古墓更困难的是寻找古墓，地面上有封土堆和石碑之类明显建筑的大墓早就被人发掘得差不多了，如果要找那些年深日深藏于地下，又没有任何地上标记的古墓，那就需要一定的技术和特殊工具了，铁钎、洛阳铲、竹钉，钻地龙，探阴爪，黑折子等工具都应运而生，还有一些高手不依赖工具，有的通过寻找古代文献中的线索寻找古墓，还有极少数的一些人掌握秘术，可以通过解读山川河流的脉象，用看风水的本领找墓穴，我就是属于最后这一类的，在我的盗墓生涯中踏遍了各地，其间经历了很多诡异离奇的事迹，若是一件件的表白出来，足以让观者惊心，闻者乍舌，毕竟那些龙形虎藏、揭天拔地、倒海翻江的举动，都非比寻常。

这诸般事迹须从我祖父留下来的一本残书《十六字阴阳风水秘术》讲起，这本残书，下半本不知何故，被人硬生生的扯了去，只留下这上卷风水秘术篇，书中所述，多半都是解读墓葬的风水格局之类的独门秘术……

正文第一章白纸人

我的祖父叫胡国华，胡家祖上是十里八乡有名的大地主，最辉煌的时期在城里买了三条胡同相连的四十多间宅子，其间也曾出过一些当官的和经商的，捐过前清的粮台、槽运的帮办。

民谚有云：“富不过三代。”这话是非常有道理的，家里纵然有金山银山，也架不住败家子孙的挥霍。

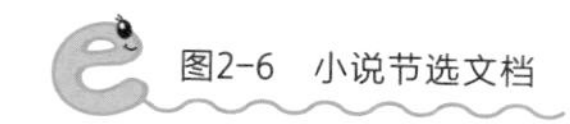

图2-6　小说节选文档

张卓：你有没有碰到过类似文档整理问题？比如以前写毕业论文的时候，写完后都要加个目录，你是怎么做的？你是不是也像小虾一样，花了很长时间重复着这些无聊又繁碎的事情？这种体力活，其实强大的Word君早就帮你设计好了，5秒就能搞定，只是你不知道。

张卓：仔细看，在该文档中每一个标题前面都有“正文”两个字，如图2-7所示。这就给我们迅速修改提供了极大的便利。

正文引子

盗墓不是请客吃饭，不是做文章，不是绘画绣花，不能那样雅致，那样从容不迫，文质彬彬，那样温良恭俭让，盗墓是一门技术，一门进行破坏的技术。古代贵族们建造坟墓的时候，一定是想方设法的防止被盗，故此无所不用其极，在墓中设置种种机关暗器，消息埋伏，有巨石、流沙、毒箭、毒虫、陷坑等等数不胜数。到了明代，受到西洋奇技淫巧的影响，一些大墓甚至用到了西洋的八宝转心机关，尤其是清代的帝陵，堪称集数千年防盗技术于一体的杰作，大军阀孙殿英想挖开东陵用里面的财宝充当军饷，起动大批军队，连挖带炸用了五六天才得手，其坚固程度可想而知。盗墓贼的课题就是千方百计的破解这些机关，进入墓中探宝。不过在现代，比起如何挖开古墓更困难的是寻找古墓，地面上有封土堆和石碑之类明显建筑的大墓早就被人发掘得差不多了，如果要找那些年深日深藏于地下，又没有任何地上标记的古墓，那就需要一定的技术和特殊工具了，铁钎、洛阳铲、竹钉，钻地龙，探阴爪，黑折子等工具都应运而生，还有一些高手不依赖工具，有的通过寻找古代文献中的线索寻找古墓，还有极少数的一些人掌握秘术，可以通过解读山川河流的脉象，用看风水的本领找墓穴，我就是属于最后这一类的，在我的盗墓生涯中踏遍了各地，其间经历了很多诡异离奇的事迹，若是一件件的表白出来，足以让观者惊心，闻者乍舌，毕竟那些龙形虎藏、揭天拔地、倒海翻江的举动，都非比寻常。

这诸般事迹须从我祖父留下来的一本残书《十六字阴阳风水秘术》讲起，这本残书，下半本不知何故，被人硬生生的扯了去，只留下这上卷风水秘术篇，书中所述，多半都是解读墓葬的风水格局之类的独门秘术……

正文第一章白纸人

我的祖父叫胡国华，胡家祖上是十里八乡有名的大地主，最辉煌的时期在城里买了三条胡同相连的四十多间宅子，其间也曾出过一些当官的和经商的，捐过前清的粮台、槽运的帮办。

民谚有云：“富不过三代。”这话是非常有道理的，家里纵然有金山银山，也架不住败家子孙的挥霍。

图2-7　标题前面都有“正文”两个字

张卓：下面就来看一下，如何在5秒钟的时间内解决问题。

第一步：在“开始”选项卡下单击“编辑”组中的“替换”按钮，在弹出的“查找和替换”对话框中选择“替换”选项卡。

第二步：在“查找内容”文本框中输入“正文”两个字，如图2-8所示。

第三步：将光标定位在“替换为”文本框中，单击“更多”按钮，显示更多选项，如图2-9所示。

图2-8　在“查找内容”文本框中输入“正文”

图2-9　单击“更多”按钮

第四步：单击底部的“格式”按钮，在弹出的菜单中选择“样式”命令，打开“查找样式”对话框，在“查找样式”列表框中选择“标题2”，如图2-10所示。

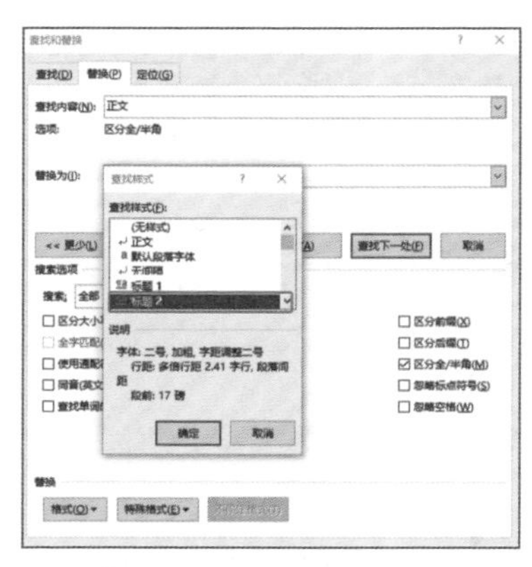

图2-10　“查找样式”对话框

第五步：单击“确定”按钮。

第六步：返回“查找和替换”对话框，单击“全部替换”按钮。

此时可以看到所有标题都显示出来了，如图2-11所示。5秒搞定，这可比小虾瞎忙了3个小时快多了。

·正文引子

盗墓不是请客吃饭，不是做文章，不是绘画绣花，不能那样雅致，那样从容不迫，文质彬彬，那样温良恭俭让，盗墓是一门技术，一门进行破坏的技术。古代贵族们建造坟墓的时候，一定是想方设法的防止被盗，故此无所不用其极，在墓中设置种种机关暗器，消息埋伏，有巨石、流沙、毒箭、毒虫、陷坑等等数不胜数。到了明代，受到西洋奇技淫巧的影响，一些大墓甚至用到了西洋的八宝转心机关，尤其是清代的帝陵，堪称集数千年防盗技术于一体的杰作，大军阀孙殿英想挖开东陵用里面的财宝充当军饷，起动大批军队，连挖带炸用了五六天才得手，其坚固程度可想而知。盗墓贼的课题就是千方百计的破解这些机关，进入墓中探宝。不过在现代，比起如何挖开古墓更困难的是寻找古墓，地面上有封土堆和石碑之类明显建筑的大墓早就被人发掘得差不多了，如果要找那些年深日深藏于地下，又没有任何地上标记的古墓，那就需要一定的技术和特殊工具了，铁钎、洛阳铲、竹钉，钻地龙，探阴爪，黑折子等工具都应运而生，还有一些高手不依赖工具，有的通过寻找古代文献中的线索寻找古墓，还有极少数的一些人掌握秘术，可以通过解读山川河流的脉象，用看风水的本领找墓穴，我就是属于最后这一类的，在我的盗墓生涯中踏遍了各地，其间经历了很多诡异离奇的事迹，若是一件件的表白出来，足以让观者惊心，闻者乍舌，毕竟那些龙形虎藏、揭天拔地、倒海翻江的举动，都非比寻常。

这诸般事迹须从我祖父留下来的一本残书《十六字阴阳风水秘术》讲起，这本残书，下半本不知何故，被人硬生生的扯了去，只留下这上卷风水秘术篇，书中所述，多半都是解读墓葬的风水格局之类的独门秘术……

·正文第一章白纸人

我的祖父叫胡国华，胡家祖上是十里八乡有名的大地主，最辉煌的时期在城里买了三条胡同相连的四十多间宅子，其间也曾出过一些当官的和经商的，捐过前清的粮台、漕运的帮办。

图2-11　显示标题

小虾：为什么这次替换的时候不选择“字体”而选择“样式”了呢？这种技法有什么奥秘？

张卓：那是因为，我们希望把每一章的标题都突出显示以便于查看，但如果仅仅是改变字体，那么面对这六百多页的文字，很难一下子定位到自己想要读的那一章节。用了样式就不同了。

接下来，我只需要单击“引用”选项卡下“目录”组中的“目录”下拉按钮，如图2-12所示。

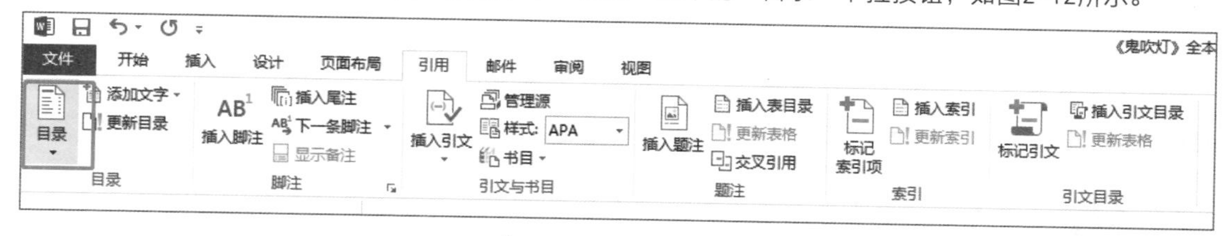

图2-12　“引用”选项卡

在弹出的“目录”下拉列表中选择“目录1”，一个专业的目录就“秒”现了，如图2-13所示。

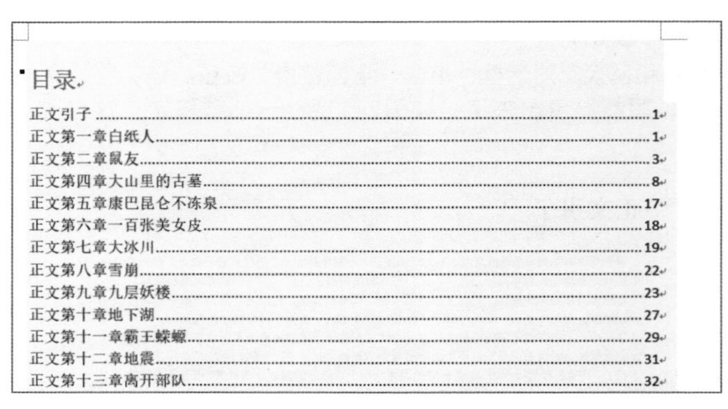

目录

正文引子	1
正文第一章白纸人	1
正文第二章鼠友	3
正文第四章大山里的古墓	8
正文第五章康巴昆仑不冻泉	17
正文第六章一百张美女皮	18
正文第七章大冰川	19
正文第八章雪崩	22
正文第九章九层妖楼	23
正文第十章地下湖	27
正文第十一章霸王蠑螈	29
正文第十二章地震	31
正文第十三章离开部队	32

图2-13　目录

张卓：目录的好处是什么？那就是你可以通过目录快速定位到要阅读的那一章节。按住Ctrl键的同时单击对应的目录，Word就会迅速帮你链接到要阅读的那一章节。

张卓：怎么样？是不是很神奇？

2.3　段落标记的替换（解决复制网页带来太多空行的问题）

张卓：下面来看看如何快速地从网站上复制一份文档？

小虾：不就是复制粘贴吗，哪里用到了替换？

小虾首先将网页上的文字进行复制，然后粘贴到Word文档中，很快就完成了。然而此时他发现，文档中出现了很多多余的空行，看起来很不美观。于是他开始不断按Backspace键来删除，但多余的空行实在太多了，不知不觉20分钟过去了，还没有删完。

张卓：别撑了，你这样的“民间做法”要操作到何时？还是让我来吧。

接下来，我就演示一下如何使用“替换”功能瞬间剔除多余的空行。

将网页文字复制、粘贴到Word中后，单击界面右下角的智能标记，在弹出的菜单中单击“只保留文本”按钮（因为我们仅需要文本信息），如图2-14所示。

全媒 体的 推广与普
及改变 了广
告行业 的信 息采 集 、 传播架
构 、 生 产流程 及媒介 营销，对传统的广
告从 业者 提出 了转型发展的新挑战，同时，对高等院
校广 告专业的人 才
培养提 出了崭 新命 题。 具体 来说，互 联网和
新媒体 的广 告快 速发展，改
变了传 统的广告 传播 环境和购物方式，传统
的广告教 育已经 不能适用
当前 广告行业的发展。广
告属 于应
用
型
的
专业，对创新
创意要 求较 高。 高校急需
改革广告 专 业教育模式，调整专
业定位， 加强 广告专 业的创新创意和创业教
育 ，增 强广告 专业人才的核心
竞争 力， 为广 告专业学生创造
发展
平台。

粘贴选项：

设置默认粘贴(A)...

图2-14 只保留文本

画外音：往Word中粘贴信息后，通常可以看到“粘贴选项”标记。

- 保留源格式：将被复制区域的格式原封不动地搬过来，包括背景、底色、图片等。
- 合并格式：对象被粘贴到目标位置后将以目标文档的格式进行粘贴。
- 只保留文本：将只向目标位置粘贴源复制区域的文本，非文本内容（如图片）将丢失，文本的格式也将丢失。

接下来的这个状态就是小虾最不愿意看到的，每一段之间都隔着不少空行。我们现在需要把这些空余的行全部都删除掉，而且动作要快。接下来，我们来看看“替换”是如何做到的。

在打开的“查找和替换”对话框中，首先需要把文档中的空格先删除。具体操作就是将“空格”替换为“空”。

第一步：选择“替换”选项卡，把光标定位在“查找内容”文本框中，按空格键。

第二步：把光标定位在“替换为”文本框中，确保这里内容已经清空。

第三步：单击“全部替换”按钮。

这时文档中的空格就全部被删除了，如图2-15所示。

怎么样？有没有感觉舒服很多？不过空行依旧存在呀！别着急，我们接着来。

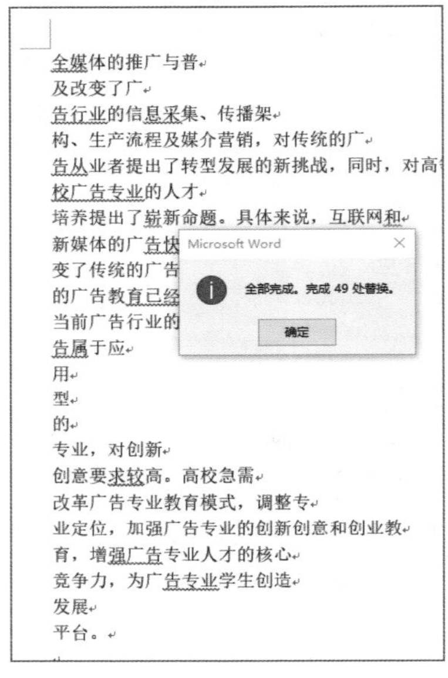

图2-15　删除空格

画外音：这里还有一个要特别留意的地方，空格也分为全角空格和半角空格，如何区分呢？张卓老师建议大家，如果搞不清楚文档中的“空间”到底是什么形式的空格，你可以直接复制这个“空间”，然后粘贴到“查找内容”文本框中，再进行替换即可。

接下来，我们消除“段落标记”。

还记得我们在第一课的时候说过的换行标记和换段标记吗？

当前文档中的空行其实就是一些连续的“空段”。天啊，这也太多了点吧。

删除各段文字之间多余的“段落标记”，要怎么做呢？简单地说，就是把“段落标记”替换为空即可。那么，问题来了，我们知道替换文字、替换格式，那么“段落标记”要如何替换呢？

第一步：在“查找和替换”对话框中选择“替换”选项卡，单击“更多”按钮后如图2-16所示。

第二步：单击底部的“特殊格式”下拉按钮，在弹出的下拉列表中可以看到第一项就是“段落标记”。也就是说，我们在Word中还能进行“排版和布局”的替换。

第三步：在“查找内容”文本框中连续输入两个段落标记（在“特殊格式”下拉列表中选择两次“段落标记”即可），如图2-17所示。

图2-16　“替换”选项卡

图2-17　在“查找内容”文本框中连续输入两个段落标记

第四步：在“替换为”文本框中输入一个“段落标记”（在“特殊格式”下拉列表中选择一次“段落标记”即可），如图2-18所示。

第五步：每单击一次“全部替换”按钮，系统都会弹出提示对话框，告诉用户进行了多少次替换，如图2-19所示。继续单击“全部替换”按钮，直到最后显示“完成0处替换”，则大功告成。

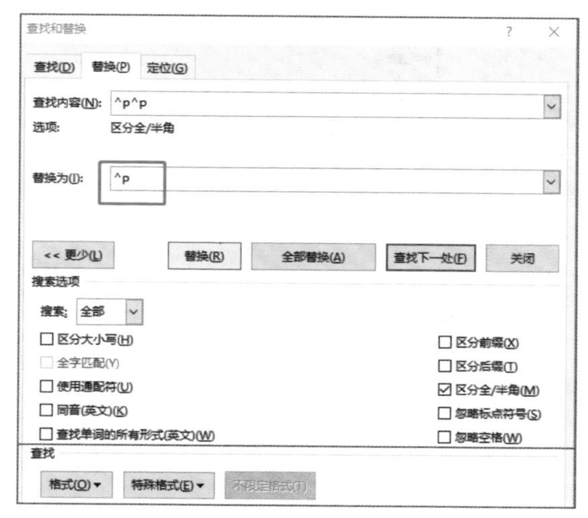

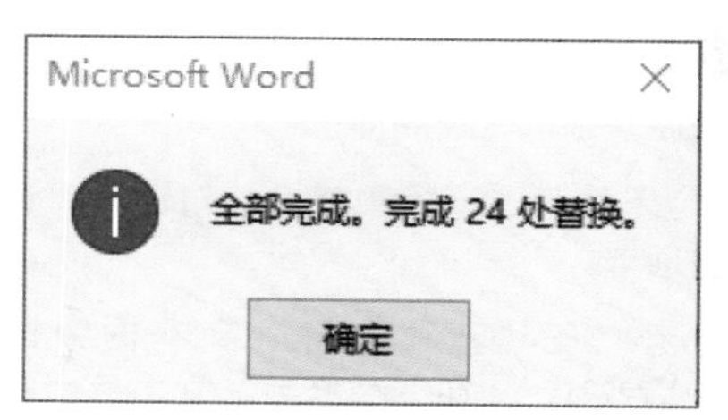

图2-18　输入段落标记

图2-19　提示对话框

这样，我们仅需要单击几次鼠标就可以删除整篇文稿中多余的空行，同时还保证了所有段落的完整，重点就是一个字“快”！

> 画外音：为什么在替换的时候要输入两次段落标记呢？
>
> 在“查找内容”文本框输入一次“段落标记”，然后替换为空不就可以了吗？
>
> 那是因为在已有文字那一段的最末尾也有一个段落标记，这个段落标记与下方多余空行的段落标记是连续的，我输入两个段落标记，然后替换为一个段落标记的目的就是让最终替换完成后，每一个编号都是另起一段开始的，否则按照刚才说的那样直接把段落标记替换为空，那整篇文档就变成了一段了。

张卓：怎么样，小虾？

小虾：替换还有什么大招？师父，再教教我！

2.4 用通配符替换身份证出生日期信息/手机号码中间4位

张卓：你看，这是一份客户资料，信息多达一百多条。为了防止客户信息的泄露，需要把客户的手机号码中间的4位用连续4个星号代替，半个小时以后就要用，你打算怎么解决这个问题？

小虾：半个小时？师父，你开玩笑呢，没个把小时怎么做得完。

张卓：No，No，No，为师使用替换只要2分钟就能搞定。

小虾：这怎么可能做得到？

张卓：这有什么难的？看我上场表演吧，只是操作稍微复杂那么一点而已。

第一步：打开“查找和替换”对话框，选择“替换”选项卡。

第二步：在“查找内容”文本框中输入“(1??)(????)(????)”，在“替换为”文本框中输入“\1****\3”，勾选下方的“使用通配符”复选框，如图2-20所示。

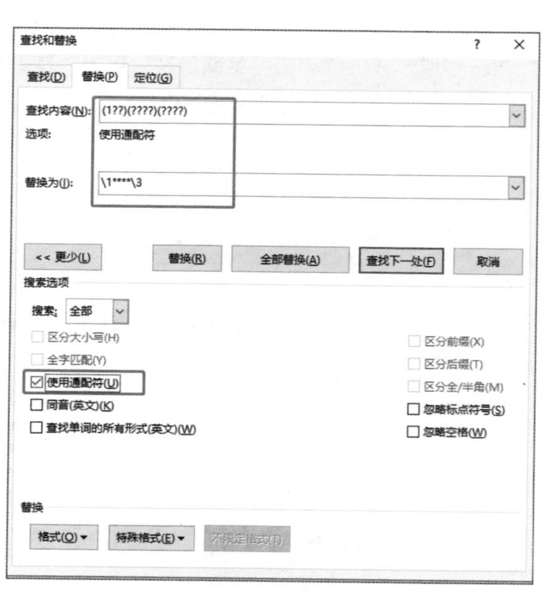

图2-20 替换号码

第三步：单击“全部替换”按钮，马上就替换好啦，如图2-21所示。

姓名	电话	签名
谢怡	186****3441	
雪莹	158****8336	
布丁	136****2052	
邓楠	137****9532	
小涵	189****6615	
一个胖子	181****5052	
曹雪	139****8662	
胡晓	137****2816	
西藏飞鹰	152****6565	
盛骋骋	189****9856	
星	139****3604	
紫月	135****8049	
惠子	185****4247	
文东炜	180****4344	
Jack	180****9717	
weiwei	137****2616	
玲华	133****2637	
Lynn	180****9670	
周末末	189****2380	

图2-21　完成替换

小虾：这是怎么回事?完全看不懂啊。

张卓：别着急，我来解释一下。

（1）如果需要把手机号码中间4位替换成星号，这就意味着我们已经把手机号码分成了3-4-4三个部分。在此批量选择中间（第二部分）的4个数字并且将它们替换成星号。

（2）“(1??)”表示以1开头的手机号码前3位，问号“?”表示任意字符，接下来两个“(????)”的意思就是两段4个字符的任意组合。

（3）在“替换为”文本框中输入的 “\1****\3” 表示字符串的第一部分（用“\1”表示）和第三部分（用“\3”表示）不变，中间的4个星号表示字符串中间的4个字符用“*”代替。

（4）单击“全部替换”按钮即可。

小虾：哇，师父，你果然厉害，一个“替换”都被你玩出花儿了。

张卓：替换是Word的一个很常见的应用场景，但很多人仅仅停留在了文字替换的阶段，大大低估了Word“替换”功能。经过今天的学习，你是否也掌握了这手厉害的替换操作呢？掌握了Word替换，就掌握了一招职场快速升级的秘诀。

课后悄悄话

Word从来不是一个需要你花费很多时间的工具，如果你消耗了过多不合理的时间在Word的文档上，则需要思考一下，是不是你的操作方式不合理呢？是不是你没有使用快速解决问题的思维进行操作呢？是不是有你不了解的快捷方法存在？只有这样，你才能更好地驾驭Word。

好了，今天的课程就到这里了，下节课我们将进入“文档排版”的学习。

课后小结

替换不仅可以帮我们快速删除空行、空格，同时还可以进行格式的替换，甚至还能帮我们快速给号码“打马赛克”呢。

替换的快捷键：Ctrl+H。

空行的字符：^P。

这些都可以帮助你更快地进行替换噢。

课后作业

1. 将自己的一篇论文进行格式、样式的替换。
2. 复制一段文档后进行空行、空格的删除替换。
3. 下载课堂资料，进行电话号码的替换。

第3课　长文档的排版，又快又好又美之快

张 卓

我想问小虾一个问题，通常我们在写文档的时候有两种不同的习惯，第一是边输入边给刚刚输入的内容设定格式；第二是先不管什么格式不格式，先写完后再回头做各个章节格式的设定，你是哪一类啊？

小 虾

第二类。

张 卓

在我十几年的企业培训经历里，发现绝大多数人都是第二种类型，属于先一口气写完，再回头设定格式。那到底什么样的方式是最合适、效率最高的呢？

接下来你马上就会了解到了。

3.1 格式刷VS双击格式刷

如图3-1所示，这是小虾刚刚写好的标书文件，他最讨厌的就是一边在忘我地敲键盘，一边还要拿起鼠标这里点一下，那里点一下地去调整格式，所以，他属于上述第二类人。文字统统都是宋体、五号字，很明显就是先写完，然后集中时间做编辑。

首先，先把第一部分的标题选中，字体不变还是宋体，字号调整为“二号”，并且还单击了一下“加粗”按钮。接下来，选中第二部分的标题，然后再重复刚才的操作吗？

No，No，No，小虾还没有“菜”到那个程度啦！在他调整完第一部分标题的格式后，如图3-2所示，他果断地用鼠标单击“开始”功能区最左边的“格式刷”按钮，然后再在第二部分的标题上“刷”（单击）了一下，马上第二部分的标题的格式也被更改了。

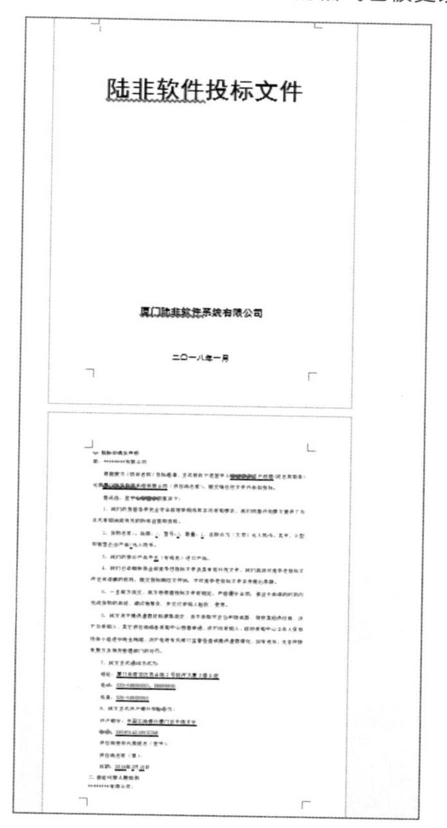

陆非软件投标文件

厦门陆非软件系统有限公司

二〇一八年一月

图3-1　标书文件

图3-2　格式刷

可是，小虾啊小虾，你想过没有？这篇文档有12部分，你这样刷也要刷个十几次吧，万一遇到一个长篇文档，类似上一节课那篇六百多页的小说，你会再次崩溃的。

小虾：师父是不是在说还有更好的办法？

张卓：当然，“双击”嘛，请仔细看。

格式刷是可以“双击”使用的，刚才小虾那么辛苦地刷一下，再单击“格式刷”按钮，再刷一下确实是麻烦，而双击“格式刷”则完美地解决了这个问题，双击格式刷后，就可以连续地刷了。

张卓：怎么样，小虾，用了这么多年的Word，这一招你是不是还不知道？

3.2 样式的设置方法

张卓：Word排版里最重要的一个功能就是样式，掌握样式就掌握了Word的基本内功。如果不用样式，你的排版就是无限制地使用“格式刷”。每一个部分的大标题是刷完了，接下来还有第二级标题。从第八部分开始，二级标题、三级标题都出现了。虽然双击“格式刷”的确是省了不少时间，但不同级别的标题如果没完没了地出现，那也够你刷一阵子了。所以，我不建议大家写文档的时候做个“键盘侠”，只知道一味求快而忽略了编辑，或者忽略了为编辑做好必要的准备。

张卓：文档排版最怕的就是好不容易统一了格式，上级要求你修改格式。比如，小虾，标书的标题都要用微软雅黑字体，来改改。

小虾：师父，来来来，鼠标、键盘给你，你来排。

张卓：我看你这是自暴自弃了，忘记上次教你的替换了？现在你要做的不就是把格式一次性进行替换吗？

例如，每一部分的一级标题现在都是“宋体、二号、加粗”，我们要将其批量修改成“微软雅黑、二号”，这是不是很简单？完全不需要“格式刷”，直接进行格式的替换就好了。

张卓：但这样的“替换”总感觉还是麻烦了一些，如果小虾修改完第一个部分的标题后，其他部分的标题能够“感应”到我们的这个操作，纷纷自动同步，那就轻松多了。

小虾：有这个功能吗？

张卓：这个功能还真的有，而且非常非常的重要，它就是——样式。这是Word文档排版的核心功能，用一句不恰当的比喻，就是在Word中“**得样式者，得天下**”。

张卓：接下来我们就来看看样式到底是什么？我们要如何设定样式？以及使用样式又有哪些福利呢？

3.2.1 什么是样式

如图3-3所示，打开这篇已经被小虾辛辛苦苦刷好的标书文档，选中第一部分的标题，然后单击“开始”选项卡下“样式”组中的“标题1”样式，样式的设置就完成了。怎么样？简单吧！

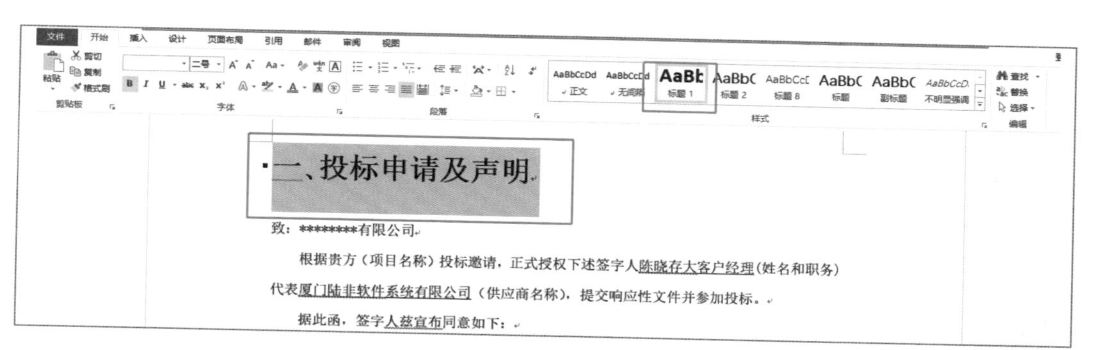

图3-3　样式功能

小虾：可是我还是会有很多问题，比如“样式”到底是什么？样式和格式的区别在哪里呢？

张卓：这两个问题可以合并起来一起回答。

将光标移到“开始”选项卡下“样式”组的右下角，单击◲按钮，在弹出的“样式”窗格中可以看到很多的样式，如图3-4所示。

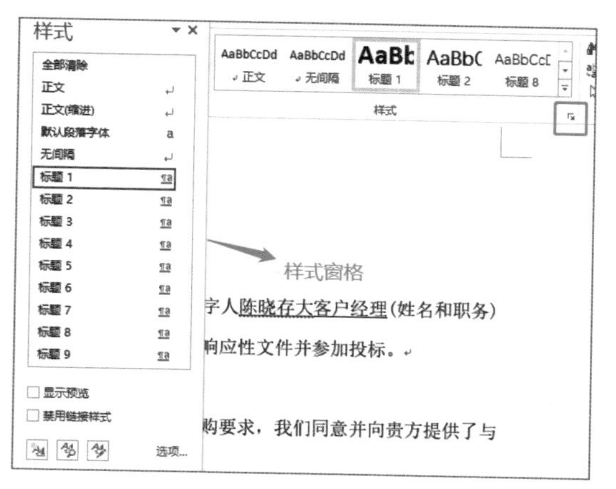

图3-4　样式窗格

在“样式”窗格中单击右下角的“选项”超链接，在弹出的对话框上方的“选择要显示的样式”下拉列表框中选择“所有样式”，单击“确定”按钮，如图3-5所示。此时在“样式”窗格中将显示当前文档以及使用者计算机中Word的所有样式。

我们把鼠标指针移动到“标题1”这个样式名称上（不要单击，只需把鼠标指针移动到它上面即可），如图3-6所示，你会发现屏幕上马上出现关于“标题1”样式的详情说明：字体为二号，加粗；字符间距为字距调整二号；段落格式包括行距、段前、段后等。

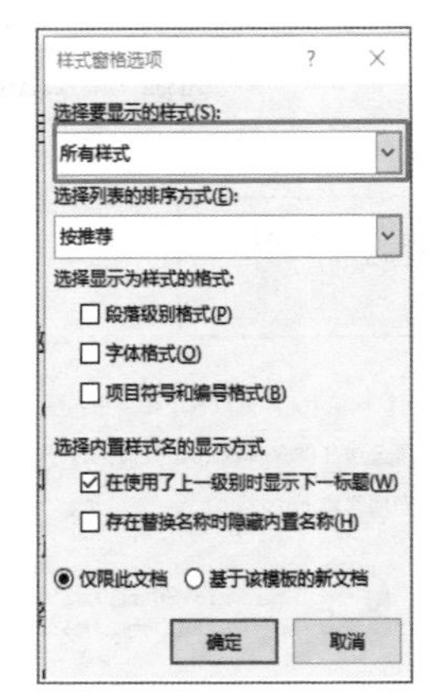

图3-5 “样式窗格选项”对话框

字体: 二号, 加粗, 字距调整二号
行距: 多倍行距 2.41 字行, 段落间距
段前: 17 磅
段后: 16.5 磅, 与下段同页, 段中不分页, 1 级, 样式: 链接, 在样式库中显示, 优先级: 10

图3-6 样式——标题1

注意

这里有一个地方需要留意，那就是“标题1”样式在屏幕提示中有关“段落”说明的最后一行，“大纲级别”为“1级”。

以上屏幕提示就告诉了我们什么是样式。简单地说，样式就是一系列格式的集合体。

在“样式”中，最为重要的样式就是“标题”样式，因为它不仅仅是一系列格式的集合体，同时还带有“大纲级别”，这个级别恰恰就是我们生成目录的依据。如图3-7所示，当我把鼠标指针定位在“标题2”上的时候，“大纲级别”就会显示为“2级”。

行距: 多倍行距 1.73 字行, 段落间距
段前: 13 磅
段后: 13 磅, 与下段同页, 段中不分页, 2 级, 样式: 链接, 使用前隐藏, 在样式库中显示, 优先级: 10

图3-7 2级

3.2.2 样式的设定

小虾：听君一席话，胜过问百度。

张卓：不用吹捧，严肃点。再考考你，现在知道了什么是样式，那么怎么给整篇文章设定样式呢？

小虾：师父，我会，给你操作看看。

先把标书的第一部分“一、投标申请及声明”设置成“标题1”样式，方法是选中第一部分标题，单击“样式”窗格中的“标题1”即可。采用同样的方法，把标书的第二部分也设置成“标题1”样式。

接下来的第三部分、第四部分就不用一次次这样设置，我们需要把所有的“宋体二号加粗”的文字设置成为“标题1”样式，用“替换”就可以了。

张卓：嗯，这还差不多。没错，用替换，这是我们在上一节课跟大家详细讲解过的，让我们来复习一下。

第一步：在“开始”选项卡下单击“编辑”组中的“替换”按钮。

第二步：弹出“查找和替换”对话框，单击左下方的“更多”按钮。

第三步：把光标定位在“查找内容”后面的文本框中，单击下方的“格式”按钮。

第四步：在弹出的“字体”对话框中依次选择“宋体二号加粗”。

第五步：单击“确定”按钮。

第六步：将光标定位在“替换为”后面的文本框中，单击下方的“格式”按钮，在展开的列表中选择“样式”命令，在弹出的“样式”对话框中选择“标题1”，然后单击“确定”按钮。

第七步：在“查找和替换”对话框中单击“全部替换”按钮。

这样文中每一部分的标题就被替换成“标题1”样式了。同样的方式，可以把标题2、标题3都一一设置完成。这还是用“替换”的方式，有关“替换”强大的功能，大家可要在第二课多多复习！

小虾：这样的替换也挺麻烦的，一次次地选、一次次地替换，有没有更快捷的方式呢？

张卓：我记得有一句话是这样说的，驱动人类社会一次次革命的终极原因是——懒。看我再展示一项新技能。

首先，我们将文档退回到之前没有设定样式的状态。现在这篇文档的每一部分的标题以及子标题都被设置成了不同的格式，如果想迅速选中文档中所有“宋体二号加粗”格式的文字，不就是相当于选择所有要设置为“标题1”的文字吗？接下来，在“样式”组中单击“标题1”就OK了。具体操作步骤如下。

第一步：如图3-8所示，把光标定位在第一部分的大标题上，在“开始”选项卡下单击“编辑”组中的“选择”下拉按钮。

图3-8　选择选项卡

第二步：在弹出的下拉列表中选择“选定所有格式类似的文本”，此时你会发现文档中每一部分的标题都被同时选中了。

第三步：如图3-9所示，在“样式”组中单击“标题1”即可。

图3-9　选择标题1

怎么样，这一招是不是够酷?接着“标题2”“标题3”也这么操作就好了，这比刚才那个“替换”还要快呢。

小虾：我就喜欢这样的操作，非常轻松快速。

张卓：那你说说，为什么我们可以用替换进行操作，有什么独到的窍门?

张卓：说不出来了吧，这也是我要提醒你们的事，之所以我们可以按照以上两种方式来做样式的替换，前提是这篇文章中每一个章节的标题的格式都是统一的，如果每一部分的标题的格式都不同，这两招通常也不会太“管用”。

总结一下，张卓老师还是希望未来大家在做文档输入的时候，能够边输入边设置样式。

这跟我们今天课程刚开始提到的那两种方式是不同的——一种是一次性先输完再设置格式；另一种是边输入边设置格式。这两种方式我都不建议采用。

小虾：师父，现在我们知道样式可以快速选出标题，那样式还有其他的福利吗?

张卓：当然有。

本节要点回顾

样式是Word长篇文档编辑的必备“神器”，而“标题”样式又是样式功能中的核心，文档的目录编排、页眉/页脚等设定都与标题样式有着直接的关系。

3.3 导航窗格与样式、段落结构的调整

好了，有人会想了，张卓老师你讲了那么多“标题”样式的设置，那么我们为什么要用标题样式呢？用了标题样式有什么好处呢？好吧，你别着急，用了标题样式的好处那是太多了，且听我一一道来。

3.3.1 迅速修改相同级别标题的格式

还记得，刚才小虾“洗刷刷”的那一幕吗？就算刷好了，万一遇到需要修改格式的情况，也比较被动，而用了“样式”就完全不同了，那是因为样式是可以匹配自动更新的，具体请看操作。

第一步：我们如果需要把每一部分的一级标题的字体改为“微软雅黑”，那么只需选中其中任意一部分的一级标题，在“开始”选项卡下的“字体”下拉列表中选择“微软雅黑”，如图3-10所示。

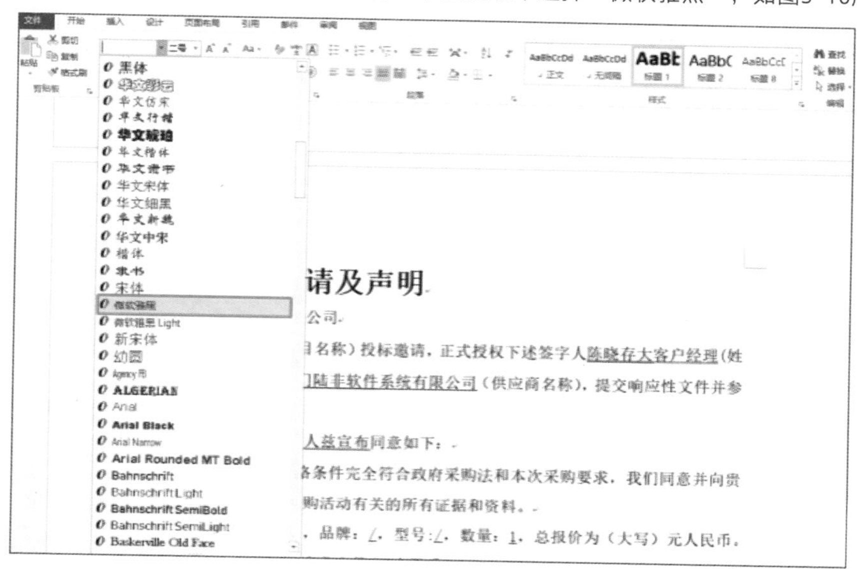

图3-10 选择字体

第二步：如图3-11所示，单击“开始”选项卡下“样式”组中右下角的 按钮，打开“样式”窗格。这时应确保文档中刚才被修改的文字处于选中状态。

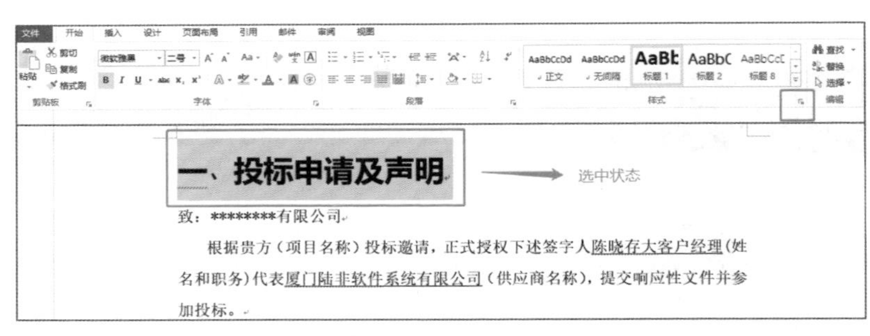

图3-11　单击 按钮

第三步：如图3-12所示，把鼠标指针移动到“标题1”上，单击右边的下拉按钮，在弹出的下拉列表中选择“更新 标题1 以匹配所选内容”。这样，文档中所有样式为“标题1”的段落就全部修改过来了。

刚才我们是直接在文档中选择标题进行修改的，除此之外还有一种方法，那就是直接打开“样式”窗格，在“标题1”下拉列表中选择“修改”，在弹出的“修改样式”对话框中设置要更改的格式即可，如图3-13所示。

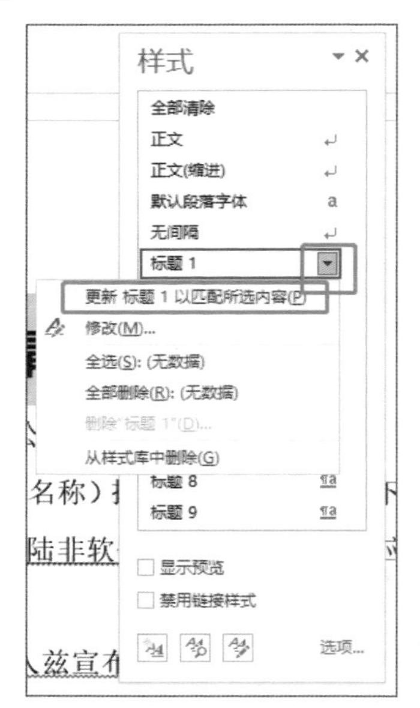

图3-12　从下拉列表中选择“更新 标题1 以匹配所选内容”

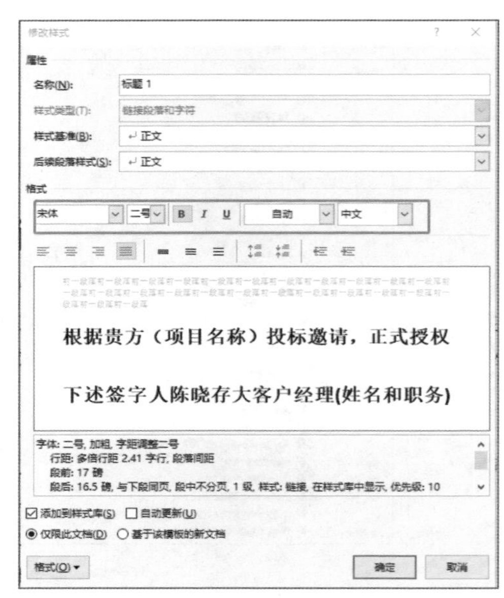

图3-13　“修改样式”对话框

等等，这里还有一个更酷的选项。看一下“修改样式”对话框的最下方，勾选“自动更新”复选框（如图3-14所示），这时只需更改其中某一个标题的样式，与该样式相同的其他标题的样式也会随之更新。

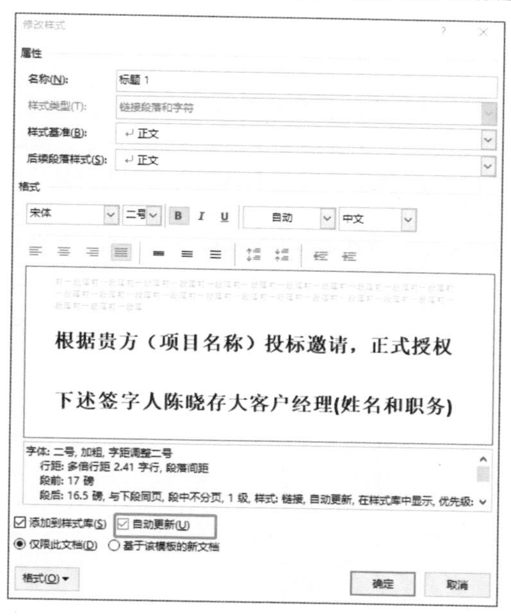

图3-14 自动更新

这就是使用了样式的福利。

张卓：注意，如果你在刚开始输入标书文档的时候就已经使用了样式功能，并且把每一部分的标题设置成了“标题样式”，那么当你再遇到需要修改格式的情况，那就是几秒钟就能轻松搞定的事情了。

张卓：我再问你，在看书的时候，是不是会先看目录，然后根据页码快速找到要看的内容？

小虾：没错，所以我喜欢整理纸质的文档，电子文档的内容还要花很多的时间滑动鼠标去找资料的具体位置。

张卓：那你是不会用Word，现在我来教你怎么一步找到你想要的指定位置。

本节要点回顾

如果使用了“样式”功能，修改格式就有了“牵一发而动全身”的效果啦。

3.3.2 迅速定位到想要查看的章节

比如，想要立即跳转到第九部分的第二小节，要如何做呢？

很简单，使用了标题样式后的第二个好处，那就是可以迅速定位到想要查看的章节。

此时，只需在“视图”选项卡下“显示”组中勾选“导航窗格”复选框，如图3-15所示。这时在整个Word页面的最左边会出现文档结构，仔细一看，这些文档结构就是提取了文档中的标题作为大纲的，而且重要的是它带有连接功能，如果你想查看第九部分的第二小节，直接用鼠标在“导航”窗格中单击9.2即可。

图3-15　导航

Word 2013以上版本的“导航”窗格还有一个新功能，那就是可以直接在“导航”窗格里拖曳标题，以达到调整文档结构的目的。例如，要把第八部分与第九部分换个位置，那么只需在“导航”窗格中选中第九部分的标题，然后按住鼠标左键（按下去不要松开）把第九部分的标题拖到第八部分标题的上方，瞬间文档结构就调整好了。

但是，如果文档没有做过自动编号，文字互换位置后编号并不会改变。如果设置了自动编号，文字顺序发生改变的同时编号也会自动更新的。

小虾：样式真的很方便啊，能够帮助我们快速解决排版问题，果然是需要修炼的基本内功。

张卓：现在，标书的样式设定好了，老板让你根据这份标书做出一份PPT演示文稿，而且20分钟后就要用，你要怎么做？

小虾：啊？20分钟？怎么可能？完全不可能！

张卓：没有不可能！下面我就教你如何用设定了样式的文档秒转PPT。

本节要点回顾

不论是“替换法”还是“类似法”都需要文档中要被替换为样式的标题格式相同才能够达到批量替换的效果。

张卓老师还是希望未来大家在做文档输入的时候，能够边输入边设置样式。这样可以省去后期进行样式替换和修改的时间。

3.4 Word哥神技之秒转PPT

张卓：介绍以下两种方法。

第一种方法：

第一步：如图3-16所示，选择“文件”|“选项”命令。

第二步：如图3-17所示，在弹出的“Word选项”对话框中选择“快速访问工具栏”选项卡，在“从下列位置选择命令”下拉列表框中选择“不在功能区中的命令”选项，接着在下方的功能列表中找到“发送到 Microsoft PowerPoint”，单击中间的“添加”按钮，然后单击“确定”按钮。

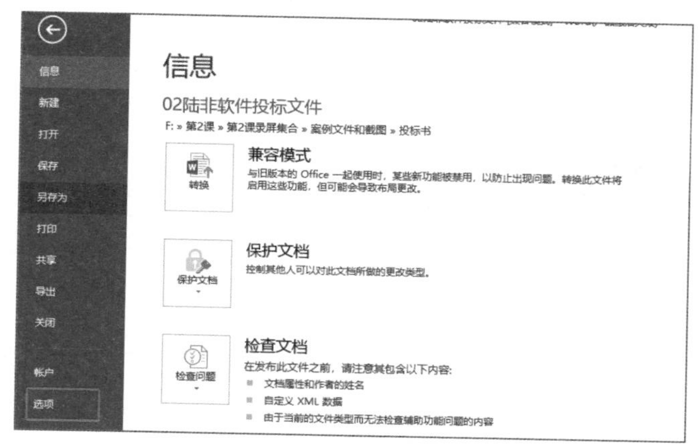

图3-16 选择“文件”|“选项”命令

图3-17　“快速访问工具栏”选项卡

如图3-18所示，我们会发现在Word最上方的快速访问工具栏中多了一个命令按钮，单击该按钮。

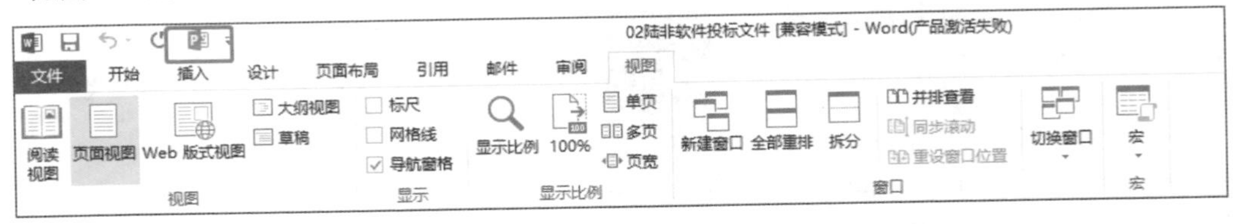

图3-18　快速访问工具栏

如图3-19所示，怎么样，自动生成了一个PPT吧？删除1～31页，这些是空白页，剩下的就是我们需要的PPT了。接着，我们从PPT的“设计”选项卡中选择一个想要的模板，完成。

图3-19　生成的PPT

第二种方法：

这种方法绝对是我的压箱底啊，没别的，就是一个字——快。

首先关闭Word文档，如图3-20所示；然后在文件夹中找到标书文件，把文件的后缀名由.docx改为.ppt。

图3-20　修改后缀

现在就可以打开这个PPT了。

画外音：如果你发现你的文件夹中的文件都不显示后缀名，例如Word文档不显示.docx，怎么办呢？如图3-21所示，在“投标书|查看”选项卡中单击“选项”按钮。

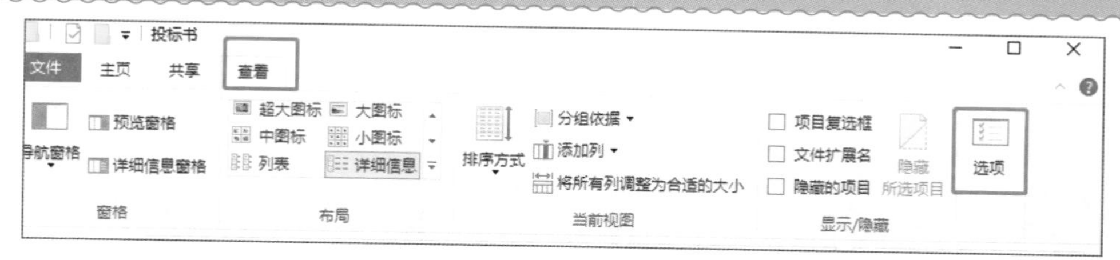

图3-21　单击“选项”按钮

如图3-22所示，在弹出的“文件夹选项”对话框中选择“查看”选项卡，取消勾选“隐藏已知文件类型的扩展名”复选框，然后单击“确定”按钮。现在再看，是不是这些文件的后缀名又回来啦?

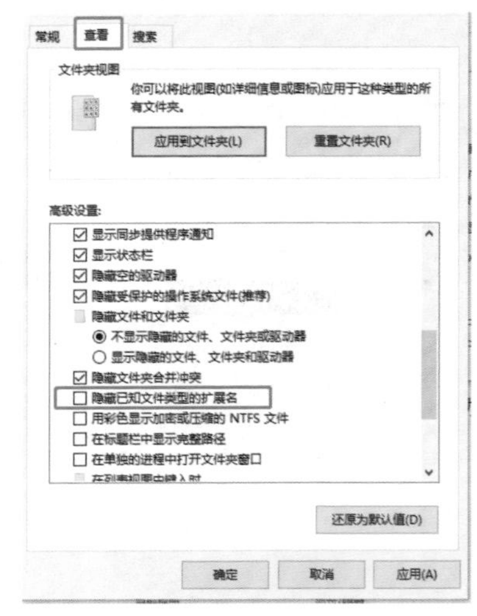

图3-22 “查看”选项卡

样式是Word中一个非常重要的功能，尤其是在排版时，通过样式的应用可以节省我们很多的时间。其实大多数时候并不是时间不够用，而是我们没有善用功能。

第一，样式可以帮助我们快速修改文档中相同部分的格式。

第二，样式可以帮助我们导航，使用导航窗格可以帮助我们快速定位和调整文档的结构。

第三，Word秒变PPT。

1. 尝试将自己的文档进行修订，并且使用导航的功能看是否可以正常跳转。
2. 尝试把自己的文档转换成PPT。

第4课　长文档的排版，又快又好又美之好

张卓

上节课说了Word排版的基本内功——样式，凸显一个“快”字。当然，职场江湖不能只求快，还得求好。如何做到呢？目录和页眉是关键。

4.1 插入目录——Word帮你一秒生成目录

张卓：如图4-1所示，这个标书文档怎么做目录？

陆非软件投标文件

厦门陆非软件系统有限公司

二〇一八年一月

[illegible]

图4-1 标书文档

小虾：直接手动输入目录。师父，求助，目录中上下两部分内容的页码对不齐了，而且怎么调整都不行，如图4-2所示。

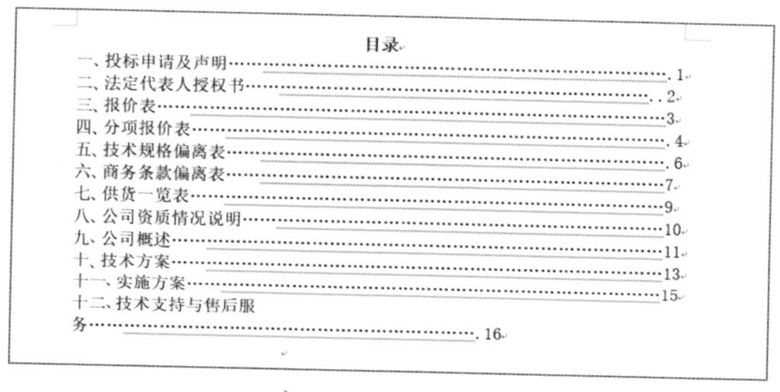
目录
一、投标申请及声明……………………………………1
二、法定代表人授权书……………………………………2
三、报价表……………………………………3
四、分项报价表……………………………………4
五、技术规格偏离表……………………………………6
六、商务条款偏离表……………………………………7
七、供货一览表……………………………………9
八、公司资质情况说明……………………………………10
九、公司概述……………………………………11
十、技术方案……………………………………13
十一、实施方案……………………………………15
十二、技术支持与售后服
务……………………………………16

图4-2　对不齐的目录

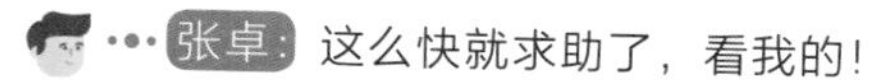
张卓：这么快就求助了，看我的！

张卓：其实，目录是可以自动生成的，但前提是你必须设定了标题样式。你要回头认真看第3课啊。

设置目录的具体方法如下。

第一步：如图4-3所示，把光标定位在“目录”两个字后面，然后单击“引用”选项卡下“目录”组中的“目录”下拉按钮。

目录
一、投标申请及声明……………………………………1
二、法定代表人授权书……………………………………2
三、报价表……………………………………3
四、分项报价表……………………………………4
五、技术规格偏离表……………………………………6
六、商务条款偏离表……………………………………7
七、供货一览表……………………………………9
八、公司资质情况说明……………………………………10
九、公司概述……………………………………11
十、技术方案……………………………………13
十一、实施方案……………………………………15
十二、技术支持与售后服
务……………………………………16

图4-3　目录

第二步：在弹出的下拉列表中选择“自定义目录”选项，在弹出的对话框中我们可以看到目前的显示级别是3级，如图4-4所示。还记得上节课我跟大家说过的标题样式的级别吗？在这里显示级别的意思就是目录中到底显示哪几个级别的标题。

第三步：单击“确定”按钮，目录瞬间就出现了，如图4-5所示。速度极快，效率极高，而且目录中的页码也都是对齐的。

图4-4 3级标题

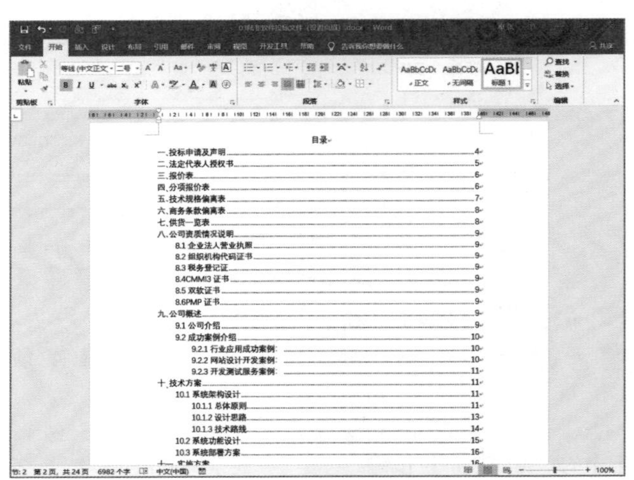

图4-5 目录

还记得我们说的“导航”窗格吗?现在的目录也自带链接功能，如果你想要去9.2节，那么只需按住Ctrl键，然后在目录上单击“9.2　成功案例介绍”，页面就会自动跳转了，如图4-6所示。

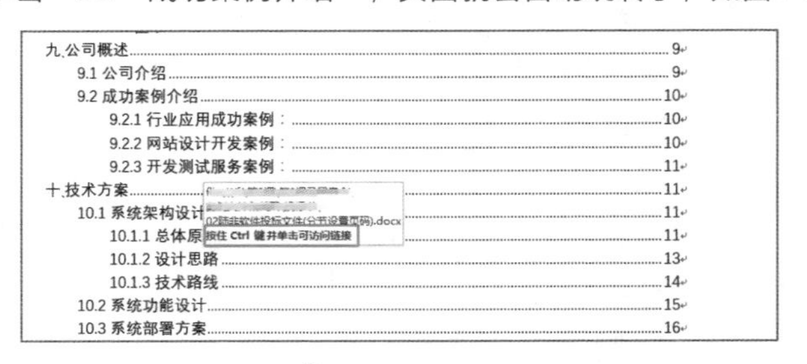

图4-6 目录跳转

张卓：怎么样，现在知道为什么我们的文档中需要用到标题样式了吧？

小虾：的确不一样，师父，但我发现两个问题。

- 目录中所有文字的字体、字号都一样，有没有办法把目录中每一章的大标题的字体、字号改成微软雅黑、3号呢？
- 现在目录的页码跟我想要做到的不一样，第一部分的标题对应的页码应该是第1页，而不是第4页。别看着我，我不会改，靠你了，师父。

张卓：嗯，不错，观察仔细。我们进入下一节。

4.2　目录样式——一眼能看穿的目录级别设置

张卓：解决第一个问题，我们还是需要用到“样式”技能。

第一步：在“引用”选项卡下单击“目录”组中的“目录”下拉按钮，在弹出的下拉列表中选择“自定义目录”选项，在弹出的“目录”对话框中单击右下方的“修改”按钮，如图4-7所示。

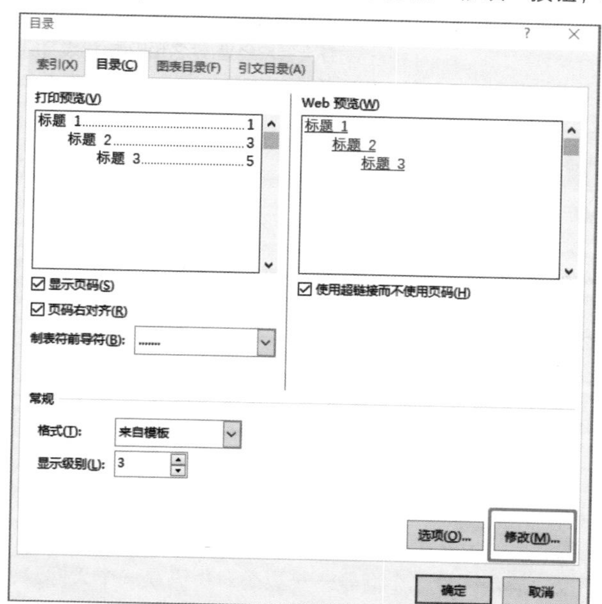

图4-7　自定义目录

第二步：如图4-8所示，这时弹出了“样式”对话框，从中可以看到“目录”其实也是一种样式，我们需要对所有的第一级目录的格式进行更改。

第三步：选中“目录1”，然后单击下方的“修改”按钮。如图4-9所示，现在的这个对话框你不陌生了吧？这就是我们上一节课讲过的修改样式呀！这时我们根据需要把字体改为“微软雅黑”，字号调整为“三号”。

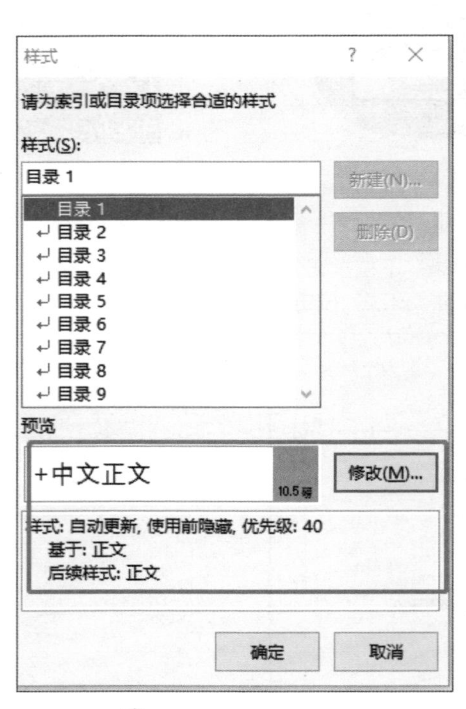

图4-8 修改目录样式1

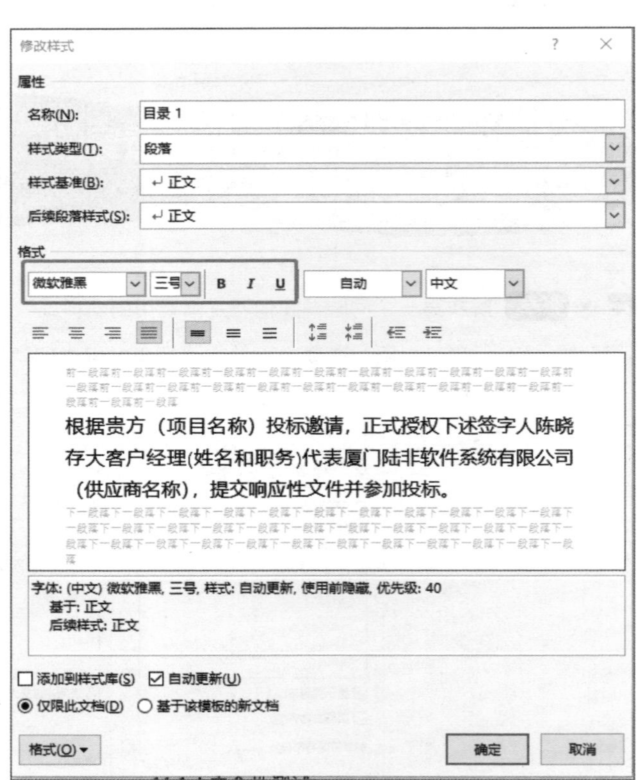

图4-9 修改目录样式2

第四步：一路“确定”下去，文档的目录瞬间被更新了，如图4-10所示。

小虾：哎哟不错，果然是“得样式得天下”，哪都离不开样式。

张卓：接下来我们来“搞定”第二个问题——页码。页码是一个大问题，我们要认真地对待，要搞清楚页码或者说要搞清楚“页眉和页脚”的设置，首先就要从分页与分节的区别开始说起。

小虾：页是页数，“节”是什么意思？Word里还有节吗？

张卓：当然有了，“节”就是你把页码搞得混乱的罪魁祸首！

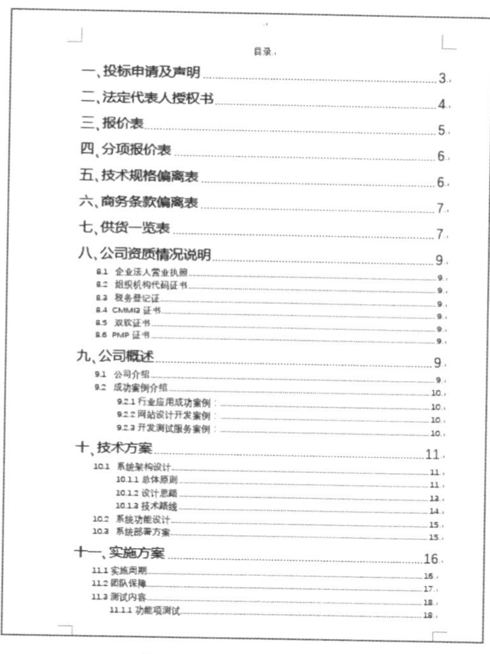
目录

一、投标申请及声明……3
二、法定代表人授权书……4
三、报价表……5
四、分项报价表……6
五、技术规格偏离表……6
六、商务条款偏离表……7
七、供货一览表……7
八、公司资质情况说明……9
8.1 企业法人营业执照……9
8.2 组织机构代码证书……9
8.3 税务登记证……9
8.4 CMMI3 证书……9
8.5 双软证书……9
8.6 PMP 证书……9
九、公司概述……9
9.1 公司介绍……9
9.2 成功案例介绍……10
9.2.1 行业应用成功案例：……10
9.2.2 网站设计开发案例：……10
9.2.3 开发测试服务案例：……10
十、技术方案……11
10.1 系统架构设计……11
10.1.1 总体原则……11
10.1.2 设计思路……13
10.1.3 技术路线……14
10.2 系统功能设计……15
10.3 系统部署方案……15
十一、实施方案……16
11.1 实施周期……16
11.2 团队保障……17
11.3 测试内容……18
11.1.1 功能项测试……18

图4-10　更新后的目录

4.3　分页与分节——抓住让你的Word文档混乱的捣蛋鬼

页是什么？节又是什么？弄清楚这两个概念，你的文档以后就不会混乱啦！

4.3.1　分页

张卓：如果想让当前页面上的文字移到下一页，你会怎么做？还是以标书文档为例说明吧，如果希望将目录移到下一页的第一行，要如何做呢？

小虾：小意思，直接把光标定位在“目录”两个字前面，然后持续按Enter键，直到“目录”移到下一页。师父，求助，我发现这样的做法会带来一个严重的问题，那就是如果前一页一旦有行或者段落的增减，"目录"两个字就会向下或者向前一页移动，从而影响到下一页的排版。

张卓：唉，你们这些"民间做法"真是害人不浅。正确的做法是这样的。

分页功能就能够很好地解决这个问题。以后遇到这种情况就不要按Enter键了，直接把光标定位在需要另起一页的那个文字的左边，然后单击"插入"选项卡下"页面"组中的"分页"按钮即可，如图4-11所示。

现在目录移到第二页的第一行了，而且不论我上一页如何调整，都不会影响到目录页面的排版。

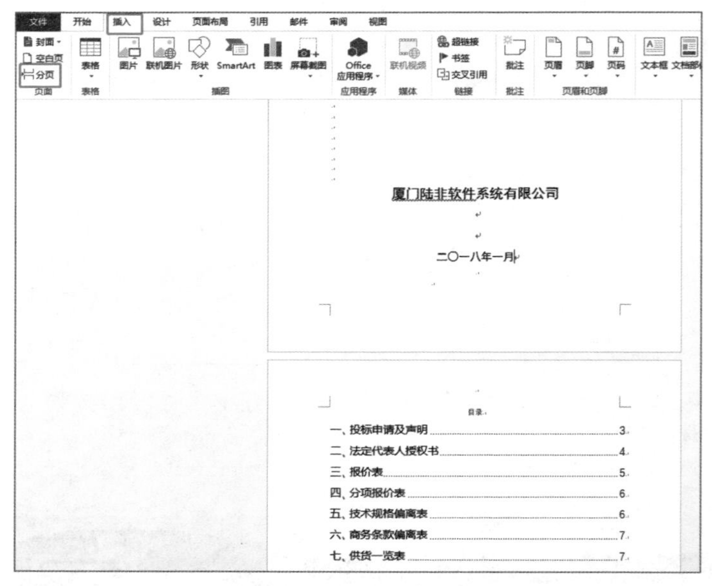

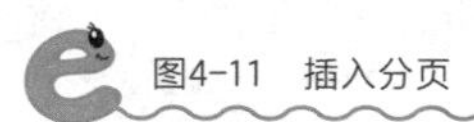
图4-11 插入分页

4.3.2 分节，只有1%的人才知道Word的重要单位

小虾：师父，分页是解决了由于前一页行、段的增减给下一页带来的影响，但是问题还没有完全解决呢，页码还是没有更新。

张卓：好问题！刚刚我们说到了分节，那什么是节呢？

小虾：肯定不是元宵节、情人节。我平时用Word没用到过节，还是您说吧。

张卓：说得对，很多人虽然用过Word，但根本不知道Word里面还有“节”的概念。

什么是节呢？“节”是Word中最大的“单位”。在一篇文档没有进行“分节”操作的时候，整篇文档就是1节；如果文档被分过1次节，那么这篇文档一共就有两节。在Word这个软件中，页面的设置都可以跟随着节的变化而变化。例如，每一节的页码都可以从1开始、每一节的页眉或者页脚都可以不同。这样一形容，你是不是对节就有一个大致的认识了呢？

小虾：似乎懂了点，节的作用就是把你的文档分割成几部分，那具体有什么功能呢？

张卓：没错，节的作用就是把你的文档分割成几部分，你可以分开调整几部分的格式。如图4-12所示，我现在有两页文档。

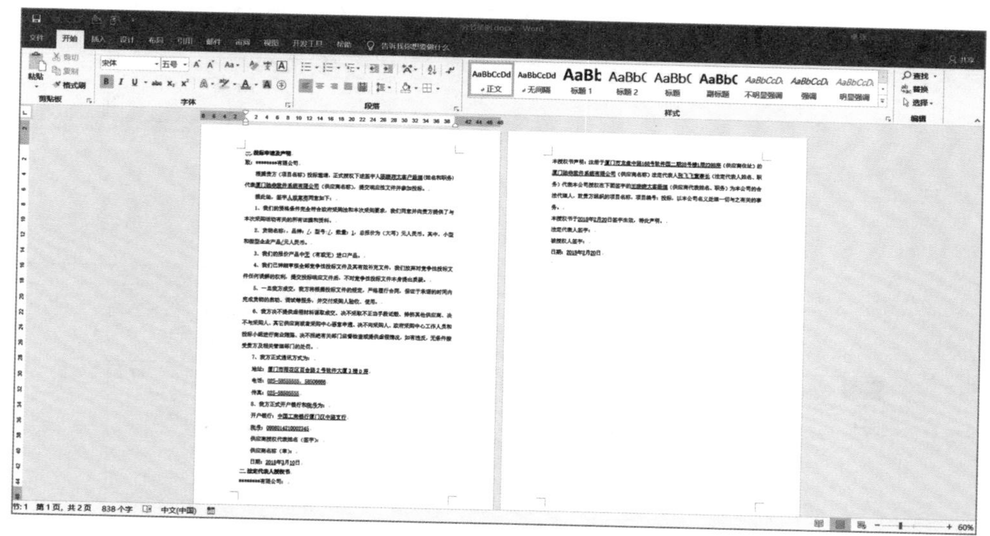

图4-12　分节文档

我希望把第二页的纸张方向改为横向，那么在“页面布局”选项卡的“页面设置”组中把“纸张方向”改为“横向”即可，如图4-13所示。

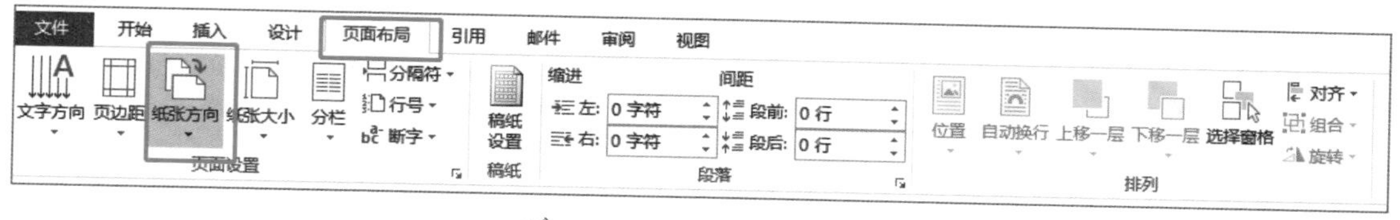

图4-13　“页面布局”选项卡

如图4-14所示，你会发现这两页的页面都变成了横向，为什么呢？

因为虽然是两页，但是只有一节，那如何知道现在光标定位的这一页是第几节呢？

很简单，我们把光标移动到Word操作界面的最下方，看到左下角有一个写着总页数和总字数的区域了吗？把光标放在上面，然后右击，弹出快捷菜单中的第二个命令就是“节”。选择“节”命令，这样“节”就会显示在文档下方了，如图4-15所示。

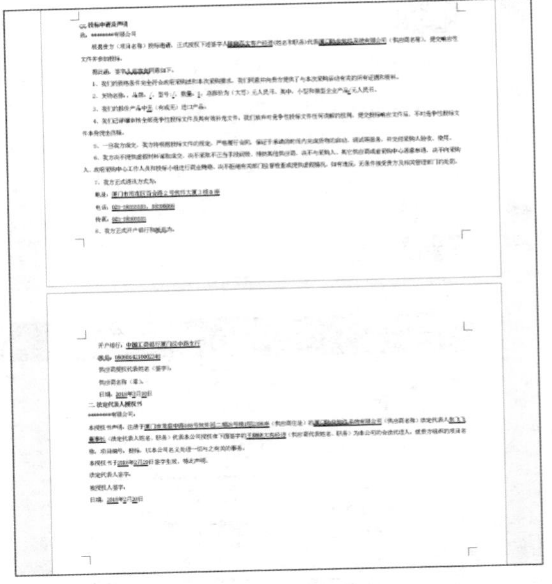

图4-14　纸张方向

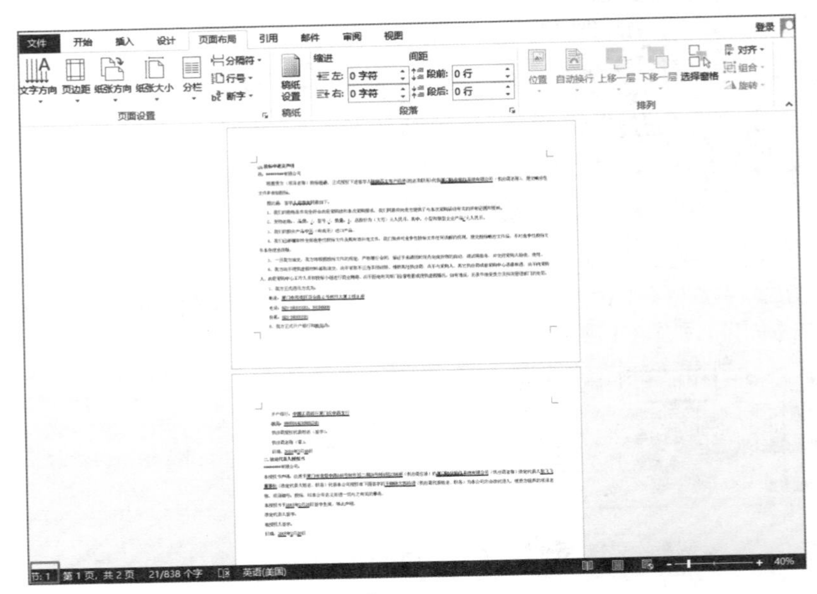

图4-15　节

这时无论我把光标放到哪一页上，在下方的状态栏中都只显示“节：1”，这是因为文档未被分过节。

小虾：师父，分节要如何操作呢？快传授，快传授。

张卓：看你如此好学，我告诉你，这样做。

（1）如图4-16所示，把光标放在需要分节的位置，单击“页面布局”选项卡下“页面设置”组中的“分隔符”下拉按钮，在弹出的下拉列表中选择分节符类型“下一页”。

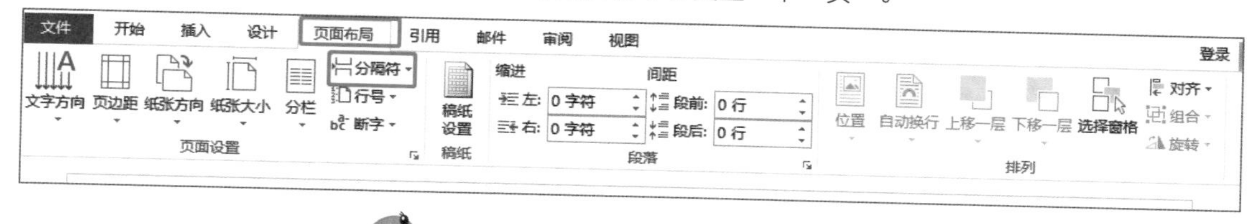

图4-16　在“分隔符”下拉列表中选择“下一页”

这时文档还是两页，但不同的是，当我把光标定位在第1页，下方显示“节：1　第1页”，如图4-17所示。

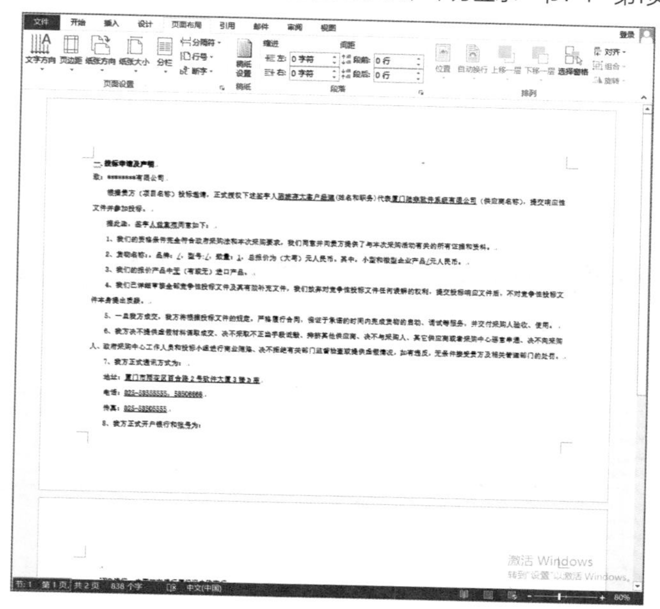

图4-17　分节

（2）把光标定位在第2页的时候则显示“节：2　第2页”，已经有两节了，如图4-18所示。如果此时后面还有第3页、第4页的话，这些页就都属于“第2节”了。

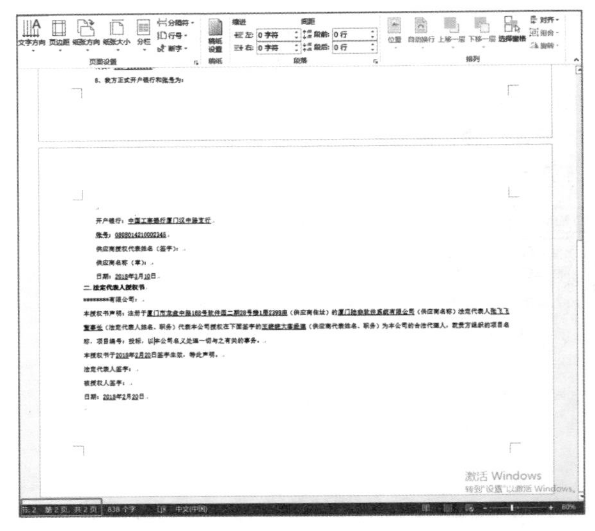

图4-18　第2节

（3）如图4-19所示，接下来我们把光标定位在第2页上，也就是第2节上，单击“页面布局”选项卡下“页面设置”组中的“纸张方向”下拉按钮，在弹出的下拉列表中选择“纵向”选项，即可将第2节的纸张方向改成纵向。然后，你会发现第1页并没有像之前一样也变成了纵向，在这里只有第2页的纸张方向变成了纵向，这是为什么呢？

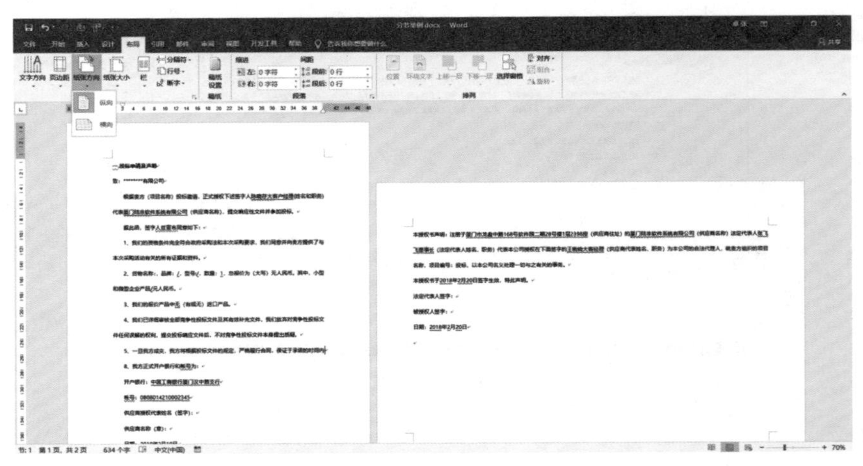

图4-19　页面分节

小虾：因为分节了，第1页和第2页已经不属于同一个部分了。

张卓：没错，这里的纸张方向是根据节来进行设定的。

小虾：师父，那我们要如何运用分节来分开设置页码呢？

张卓：在Word中，每一节的页码都可以从“1”开始设定。为什么你们以前设置不好标书的页码？原因就是没有给文档分节。现在我们来调整页码。

第一步：分节。

首先把光标放在“一、投标申请及声明”前，然后在“页面布局”选项卡的“页面设置”组中单击“分隔符”下拉按钮，在弹出的下拉列表中选择“下一页”选项，第一部分的标题就移到下一页去了，如图4-20所示。

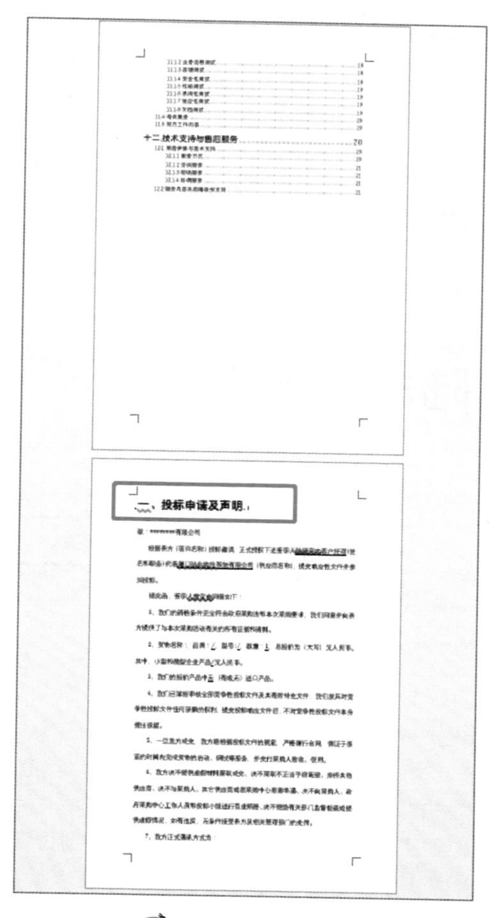

图4-20　分节下一页

张卓：那么这时文档被分为了几节呢？

小虾：两节。

张卓：正确。

接着我们把光标放在“目录”的“目”的前面，也分一次节，这时文档就被分成了3节。第1节是封面，第2节是目录，第3节就是正文部分。

第二步：设置页脚。

（1）我们假设页码是居中显示在每一页的最下方的。把光标定位在封面，单击“插入”选项卡下“页眉和页脚”组中的“页脚”下拉按钮，在弹出的下拉列表中选择“编辑页脚”选项，如图4-21所示。

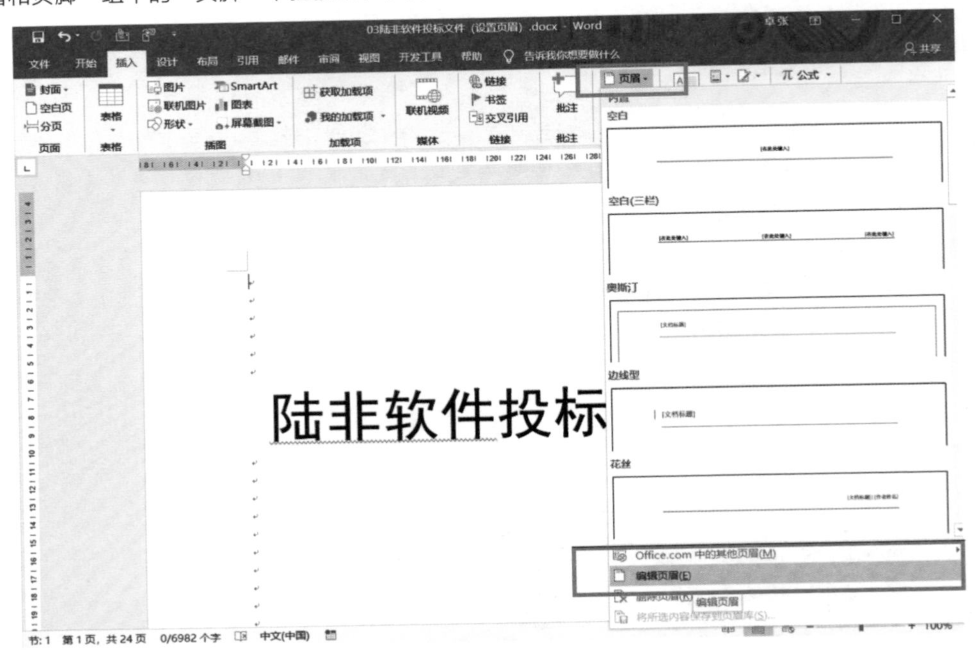

图4-21 “页眉/页脚”编辑

这时Word进入到“页眉/页脚”编辑状态，如图4-22所示。

（2）封面是不需要页码的。这时可以看到功能区中多了一个“页眉和页脚工具”选项卡，在该选项卡中单击“导航”组中的“下一节”按钮。

如图4-23所示，光标就定位到了“页脚-第2节”。这时可以看到页脚右边还有一行文字“与上一节相同”，这是什么意思呢？

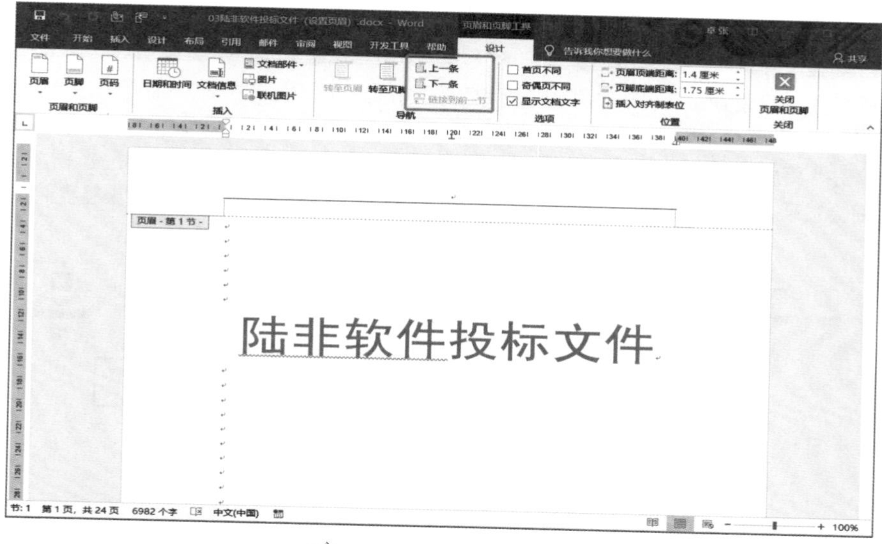

图4-22 “页眉/页脚”编辑

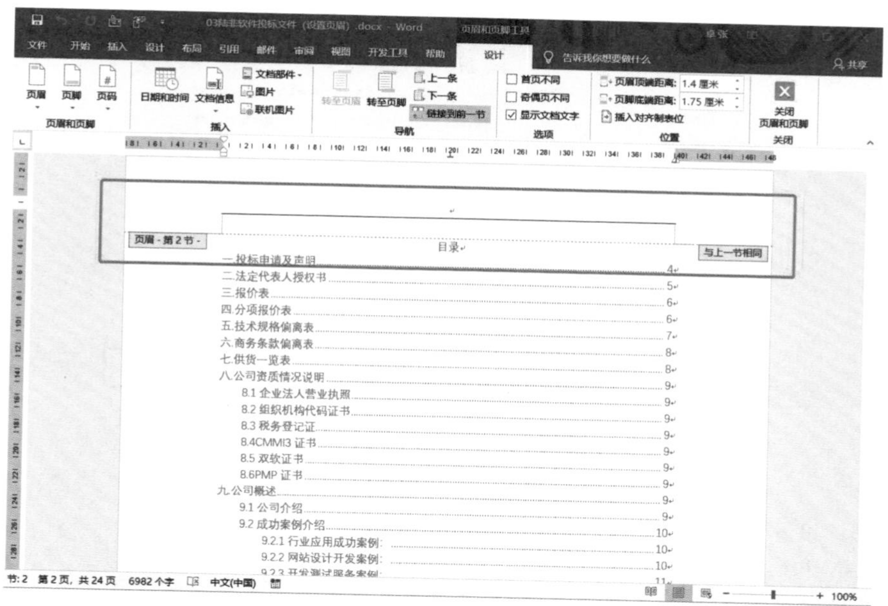

图4-23 第2节编辑

这就意味着当前节的页脚跟上一节的页脚是链接关系，如果目录部分不设置单独的页码，则可以不用去理会，继续在“页眉和页脚工具”选项卡的“导航”组中单击“下一节”按钮。

（3）现在光标定位到了第3节，那么小虾希望页码从这一节正式开始，第3节的第1页的页码要是1，第2页要是2，以此类推。

（4）单击“页眉和页脚工具”选项卡下“导航”组中的“链接到前一条页眉”按钮，如图4-24所示。这时我们会发现，原本在页脚上出现的“与上一节相同”字样消失了，这就意味着我们单独给第3节设置页脚了。

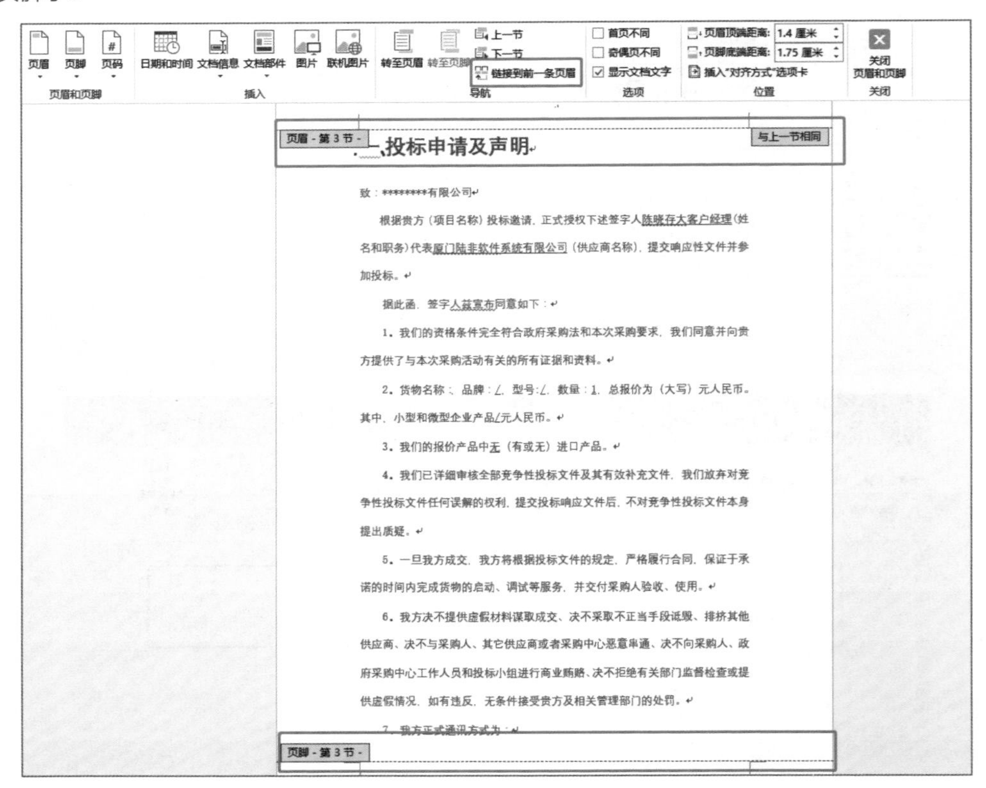

图4-24　链接到前一条页眉

第三步：设置页码。

我们要插入页码，可以这样做。

（1）如图4-25所示，在“页眉和页脚工具”选项卡下单击“页眉和页脚”组中的“页码”下拉按钮，在弹出的下拉列表中选择“设置页码格式”选项。

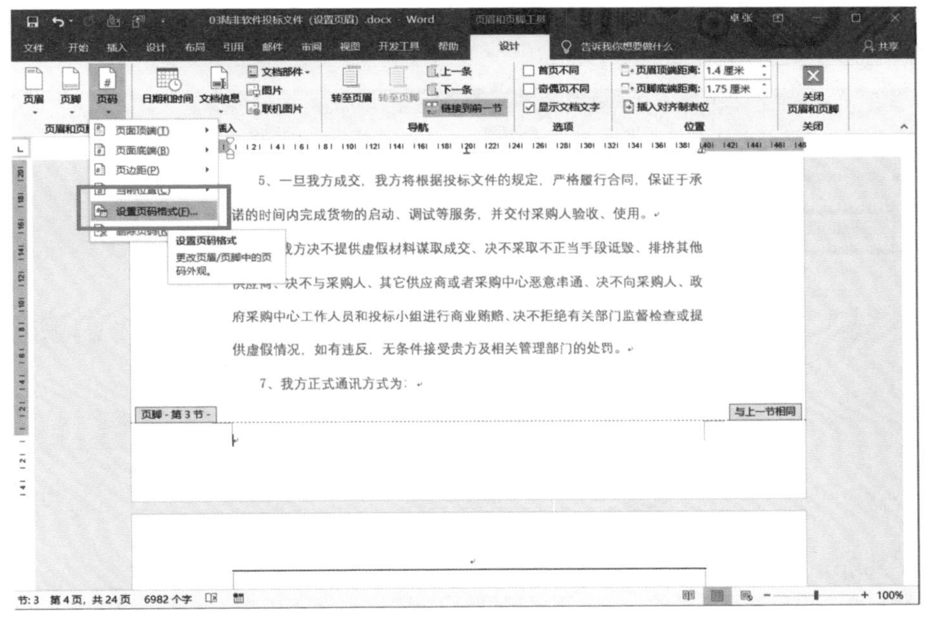

图4-25　选择“设置页码格式”选项

（2）如图4-26所示，在弹出的“页码格式”对话框中设置“起始页码”为1，单击“确定”按钮。

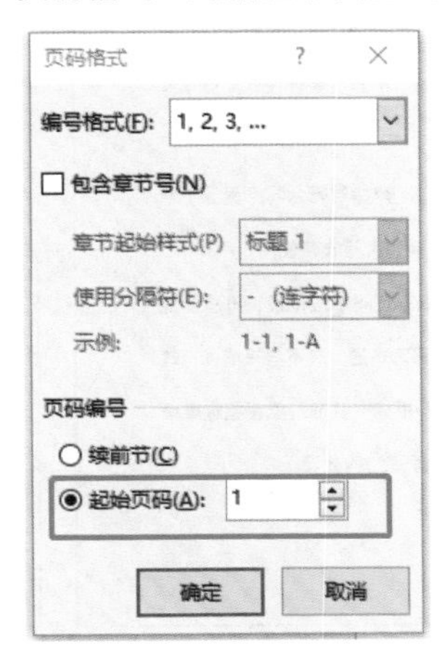

图4-26　设置起始页码

（3）此时页码并没有出现，我们还需要再次单击“页码”下拉按钮，在弹出的下拉列表中选择“页面底端|普通数字2”选项，如图4-27所示。

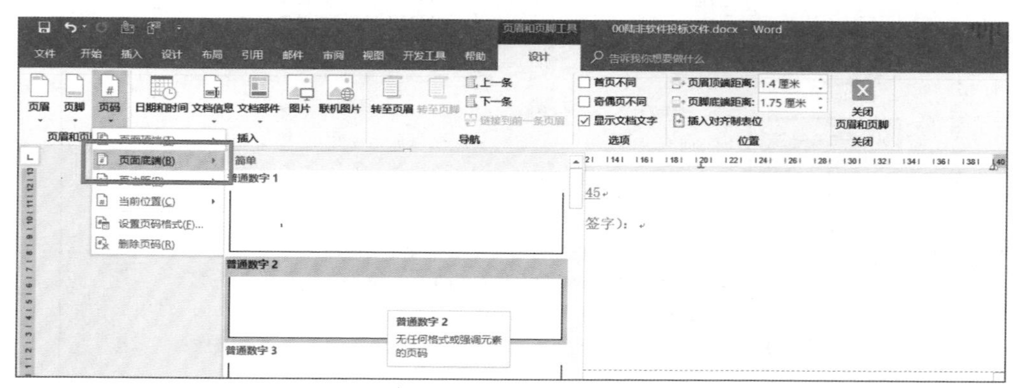

图4-27　选择“页码底端|普通数字2”选项

如图4-28所示，这时你会发现页码已经出现了。

往下翻翻看，页码都是连续的。在“页眉和页脚工具”选项卡下单击“关闭”组中的“关闭页眉和页脚”按钮。

最后，我们把光标放在目录上右击，在弹出的快捷菜单中选择“更新域”命令，在弹出的对话框中选中“更新整个目录”单选按钮，如图4-29所示。

4. 我们已详细审核全部竞争性投标文件及其有效补充文件，我们放弃对竞争性投标文件任何误解的权利，提交投标响应文件后，不对竞争性投标文件本身提出质疑。

5. 一旦我方成交，我方将根据投标文件的规定，严格履行合同，保证于承诺的时间内完成货物的启动、调试等服务，并交付采购人验收、使用。

6. 我方决不提供虚假材料谋取成交，决不采取不正当手段诋毁、排挤其他供应商，决不与采购人、其他供应商或者采购中心恶意串通，决不向采购人、政府采购中心工作人员和投标小组进行商业贿赂，决不拒绝有关部门监督检查或提供虚假情况，如有违反，无条件接受贵方及相关管理部门的处罚。

7. 我方正式通讯方式为：

1

图4-28　页码

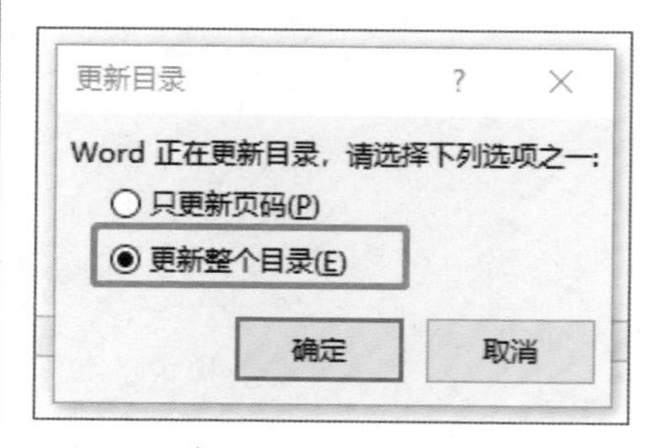

图4-29　更新目录

单击“确定”按钮完成设置，效果如图4-30所示。

一、投标申请及声明……1
二、法定代表人授权书……2
三、报价表……3
四、分项报价表……3
五、技术规格偏离表……4
六、商务条款偏离表……5
七、供货一览表……5
八、公司资质情况说明……6
8.1 企业法人营业执照……6
8.2 组织机构代码证书……6
8.3 税务登记证……6
8.4CMMI3 证书……6
8.5 双软证书……6
8.6PMP 证书……6

图4-30 更新后的目录

小虾：哇，目录第一部分标题对应的页码现在是1啦，这就是我想要的效果。难怪以前一直做不好，原来是因为没有分节的原因，下回知道要怎么做了。

4.3.3 页眉与分节——懂得分节，Word排版无困扰

张卓：我再考考你。我希望标书封面没有页眉，目录上也没有，页眉只从正文开始，内容是“投标文件”，这该如何操作呢？

小虾：和分节有关系的喽？我还是不会。

张卓：很简单，把光标定位在第3节，也就是正文的第一页上，单击“插入”选项卡下“页眉和页脚”组中的“页眉”下拉按钮，在弹出的下拉列表中选择“编辑页眉”选项，看到了吗？那个“与上一节相同”再次出现了，如图4-31所示。

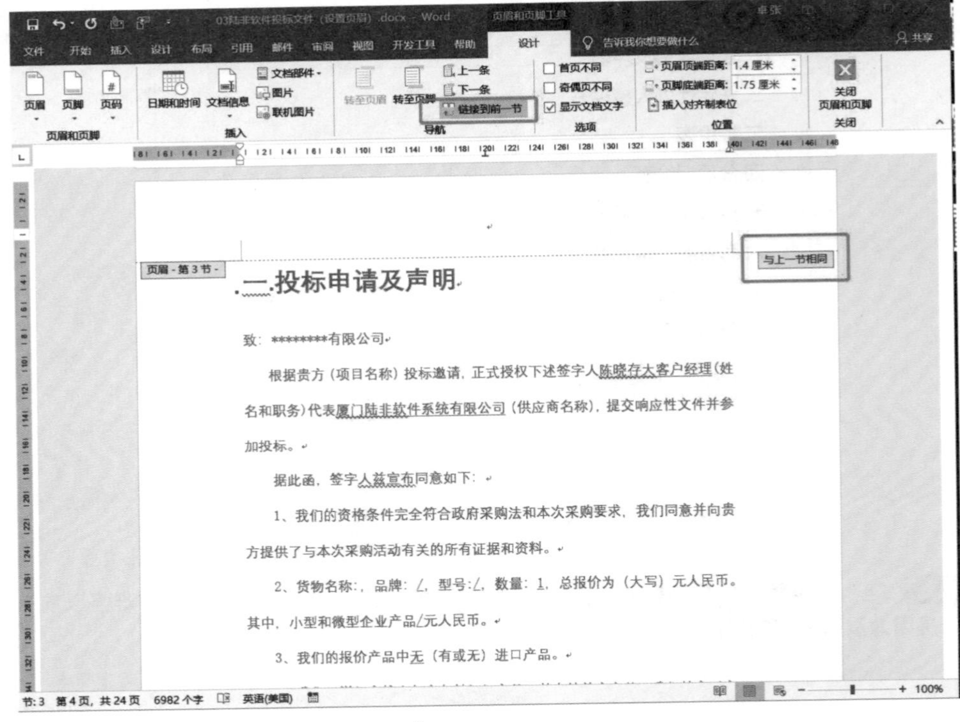

图4-31　页眉编辑

在Word中默认节和节是链接的，但现在希望页眉从第3节开始，并不希望前面的页面上出现页眉。

第一步：首先在“页眉和页脚工具”选项卡下单击“导航”组中的“链接到前一条页眉”按钮，把该链接状态取消。

第二步：输入“投标文件”。

第三步：单击“关闭页眉和页脚”按钮。怎么样，现在的文档有一点感觉了吧？

张卓：页眉和页脚的设置都跟节有着必然的联系，因此搞清楚分节的原理非常重要。Word中的单位由小到大依次是字、行、段、页、节。字组成行，行组成段，段组成页，页组成节。

小虾：掌握了这5个概念，终于明白了很多以前不理解的操作，难怪老是学不好Word的操作，原来还有这些在里面。我还有几个问题想请教您一下。

张卓：尽管说来。

4.4　一些注意事项

小虾：如何去掉标题前面的“黑点”，这个黑点看着很不舒服。

张卓：有没有发现？当我们把这一段文字设置成标题样式后，最明显的特征就是在这一段文字的左边出现了一个黑点。以前有人经常问我，这个黑点到底是做什么的？更多人是希望让这个黑点从Word中消失。我要说的是，这个黑点可是好东西啊，有了这个黑点恰恰就说明了黑点后面这一段文字用了“标题”样式。当然，如果你实在不想看到它，也不需要把“标题”样式取消，毕竟样式是非常重要的。

选择“文件|选项”命令，在弹出的对话框中选择“显示”选项卡，取消勾选“段落标记”复选框，然后单击“确定”按钮，这个黑点就会消失啦。

小虾：如何去掉页眉中的横线？

张卓：简单。用鼠标选中页眉上的段落标记，在“开始”选项卡的“段落”组中把边框设置为“无”即可。

小虾：如何删除分页和分节符？

张卓：好问题。如果不需要分节或者分页了，如何取消呢？

第一步：选择“开始”选项卡。

第二步：在“段落”组中单击“显示/隐藏编辑标记”按钮，如图4-32所示。

图4-32　单击“显示/隐藏编辑标记”按钮

第三步：此时就可以在文档中看到那些平时被隐藏的编辑标记了，比如分页符、分节符等，如图4-33所示。把光标定位在分页符或者分节符左边，然后按Delete键，一切搞定。

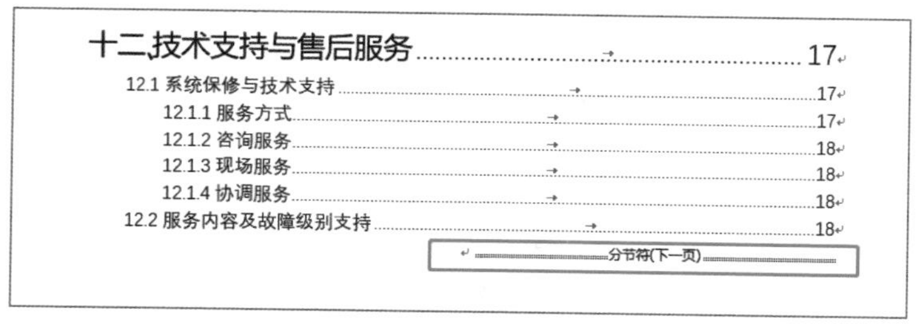

十二.技术支持与售后服务……17
12.1 系统保修与技术支持……17
12.1.1 服务方式……17
12.1.2 咨询服务……18
12.1.3 现场服务……18
12.1.4 协调服务……18
12.2 服务内容及故障级别支持……18
分节符(下一页)

图4-33　原来隐藏的标记

小虾：那微信文章的图片为什么不能直接粘贴到Word呢?

张卓：这是近一两年出现比较多的问题，那是因为微信中的图片都被转换成了WEBP格式，而Word目前无法支持该格式。那如何把微信图片粘贴到Word中呢？以我用的浏览器为例，可以把微信用网页浏览器打开，部分浏览器支持切换模式的功能，可以将其切换到**兼容模式或IE9模式**，就会发现图片能自动变成JPG格式了。

若是浏览器没有切换模式功能呢？难道还要去专门下载安装一个浏览器不成？那倒不用，我们可以使用IE浏览器把微信文章打开，这样就能自动转换格式，方便我们复制微信图片了。

张卓：你是追魂夺命问啊，一个两个三个扑面而来。

小虾：嘿嘿，看您操作那么过瘾，就忍不住多问几个了。

课后悄悄话

长文档快、好两大要诀——插入目录，使用分页、分节进行文档编排，我已经传授给大家了，一定要对照着每个步骤进行操作，之后自己才能清晰明了噢！下节课讲第3个要诀——如何排版美。练习起来吧！下节课再见。

课后小结

可以在插入目录处快速地进行文章目录的插入，但前提是文章的样式已经做好了。同时，目录的样式也是可以进行更改的。

插入分页符后，上一页的操作不会对下一页产生影响。

插入分节符后，上一节的操作不会对下一节产生影响，所以我们可以利用分节进行页眉、页码、页脚的单独插入。

课后作业

1. 下载课堂资料中的标书文档进行插入目录的操作。
2. 对标书文档进行分节，并从正文处插入页码与页眉。

第5课　长文档的排版，又快又好又美之美

小虾

师父，上次教的分页和分节酷得不要不要的。前日，办公小妹因为搞不定文档生闷气，我一步上前，一个分节符搞定。小妹要感谢我，打算约我周末看电影，嘻嘻。

张卓

想让女生更加崇拜你吗？我再教你一招——如何把文档由“好”做到“美”。

小虾

文档还能变得更养眼？

张卓

我先考考你，大部分女孩子热衷做的事是什么？

小虾

化妆吧。

张卓

没错，是化妆。我拿大部分女士都爱做的护肤打个比方。想拥有好的肤质，最重要的是先调理自己的身体，也就是内部；身体内分泌平衡了，皮肤自然就会健康了；有了健康的皮肤，出门前如果能再简单地化个妆就能带给人美的享受了。前面两节课介绍的就是调理Word文档内部平衡的操作。

那么我们今天上化妆课？

小虾

张卓

是给Word文档进行“化妆”的课程。让阅读文档的人打开后就有一种“养眼”的感觉。

我要学！马上。

小虾

5.1 分节与页眉不同——我的页眉要和章节标题一样！

张卓：首先，我们来让文档的页眉更有特点。上一节课中我们在标书文档中插入了两次分节符，把文档分成了“封面+目录+正文”，共3节，并且给第3节也就是正文部分添加了页眉，这个页眉的特点就是让第3节每一页的页眉内容都相同。

小虾：师父，我能不能让每一个章节所有页的页眉都显示这一章节的名称呢？

张卓：每一章节的名称不就是这一章节的“标题1”样式吗？因此，我们要做的就是让每一章节的“标题1”显示在页眉上。

第一步：例如，标书文档中的“一、投标申请及声明”这一部分，我们把光标定位在“一”左边，然后单击“布局”选项卡下“页面设置”组中的“分隔符”下拉按钮，在弹出的下拉列表中选择“分节符”栏中的“下一页”选项，如图5-1所示。

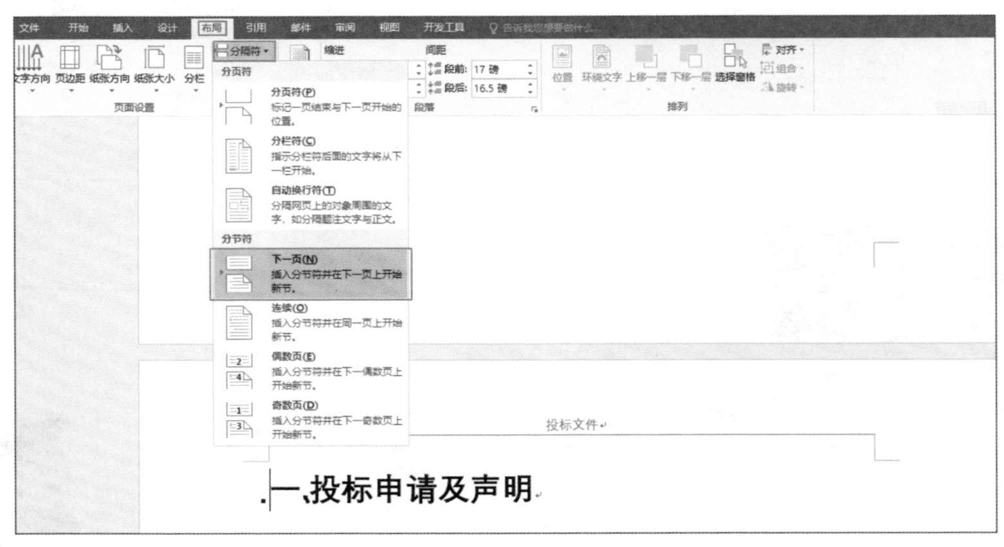

图5-1 “分隔符”下拉列表

第二步：把光标定位在第二部分标题的“二”左边，再次插入分节符。接下来依次操作，直到把每一章节都独立成单独的一节。

小虾：这份标书在制作的时候并没有把每一章节独立成节，因此现在只能一节一节地进行分节操作了，好麻烦。难怪师父强烈建议编排文档时要边输入边设定样式，就像现在边输入边分节呢。

张卓：对的，而且最好是每一章独立成一节。

小虾：师父，现在标书分成了14节，封面1节，目录1节，再加上12个章节，接下来怎么做呢？

第三步：把光标定位在第3节第1页的页眉上，双击页眉部分即可进入页眉编辑状态，把之前输入的统一页眉删除。

第四步：如图5-2所示，单击“页眉和页脚工具|设计”选项卡下“插入”组中的“文档部件”下拉按钮，在弹出的下拉列表中选择“域”选项。

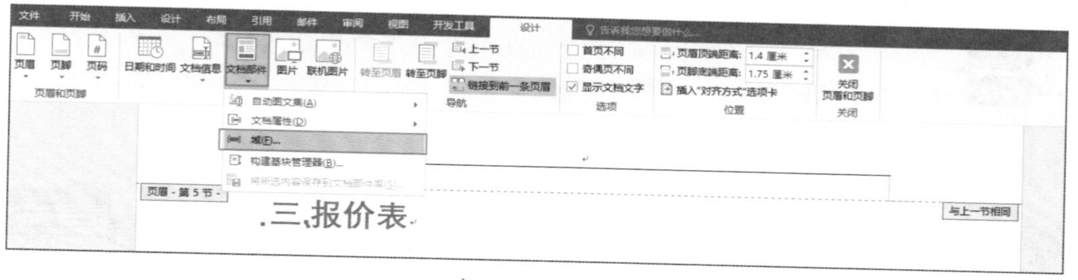

图5-2　文档部件

第五步：如图5-3所示，在弹出的“域”对话框左边的“域名”列表框中选择StyleRef选项，然后在中间的“样式名”列表框中选择“标题1”选项（如果是英文版，就选择heading 1选项）。

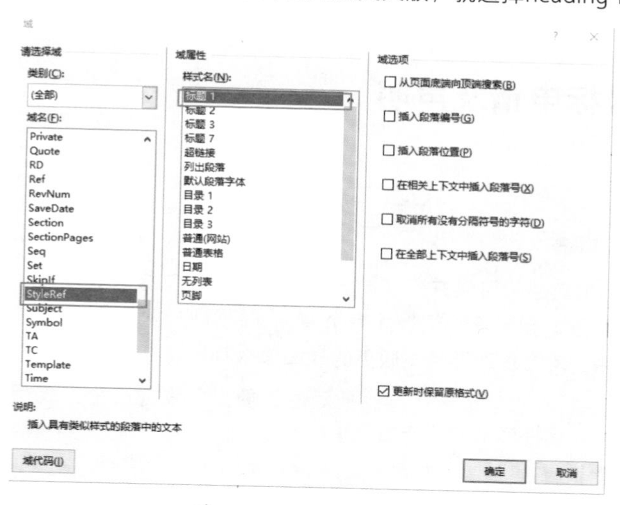

图5-3　选择StyleRef选项

第六步：单击“确定”按钮。

这样，从第3节开始每一节的页眉都是这一节的标题名称了。

张卓：这就好比去美容店洗脸，店家小妹只负责给你洗脸，护理和美白还是得靠咱们自己呀。

小虾：这比喻太恰当了。话又说回来，为什么会这样呢？

张卓：因为在中文版的Word里，Style翻译为样式，Ref就是引用（Reference的简写）。在“域名”列表框中选择StyleRef，就表示需要引用样式。所以，这里相当于在页眉中插入的就是当前页眉所在节的标题1样式。到下一节的时候，你会发现其页眉已变成这一节的标题1的内容了，因为我们是根据标题1来进行分节的，简单地说就是每一节里只有一个标题1样式，也就不会混乱了。如果你在练习的时候发现页眉中有了不同的内容，就说明你分节没有做好。

小虾：这招高。不过师父，说到去掉页眉横线的问题，我不懂要怎么设置。

张卓：看来你有强迫症啊，那么迫切地不想看到横线。那我详细地讲一下这个问题。

5.2 强迫症福音——去掉页眉中的横线

张卓：其实很多人都问过这个问题，就是如何将页眉中的那条横线（如图5-4所示）去掉呢？

一.投标申请及声明

一、投标申请及声明

图5-4 页眉中的横线

大多数人在编辑Word文档的时候并不了解分节，所以整篇文档就是一节。每次制作页眉的时候，就会发现封面上总是有页眉，但又不希望封面有页眉，于是就把封面页眉中的文字删除，再关闭页眉设置。但是关闭页眉设置后，就会发现那条页眉上的横线怎么都删除不了。这可如何是好？

小虾：我试过直接插入一个矩形，然后把矩形的填充色变成白色，线条颜色也变成白色，然后“遮住”这条线。我知道，这种做法太“民间”了。

张卓：高级做法是这样的。

第一步：先选中页眉中的段落标记。还记得我们说过的段落标记吗？在第1课里我在讲到换行与换段的区别的时候就提到啦，就是那个灰色的拐弯箭头。

第二步：如图5-5所示，单击“开始”选项卡下“段落”组右下角的“边框”下拉按钮，在弹出的下拉列表中选择“无框线”选项。

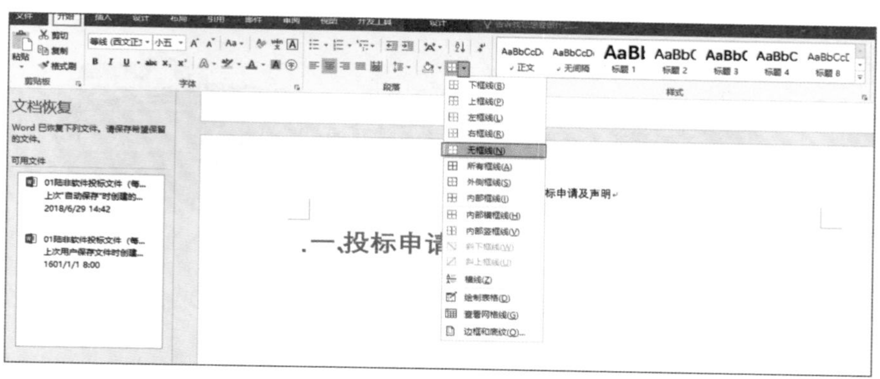

图5-5 选择“无框线”选项

小虾：师父，横线是不见了，可是拐弯箭头也找不到了！

张卓：嗯，因为你不想看到样式的黑点啊，把它隐藏的同时也隐藏了拐弯箭头。上节课我说了，如果有人想把文档标题样式前面的黑点显现出来，做法如下。

如图5-6所示，选择“文件|选项”命令，在弹出的“Word选项”对话框中选择“显示”选项卡，勾选“段落标记”复选框，然后单击“确定”按钮。

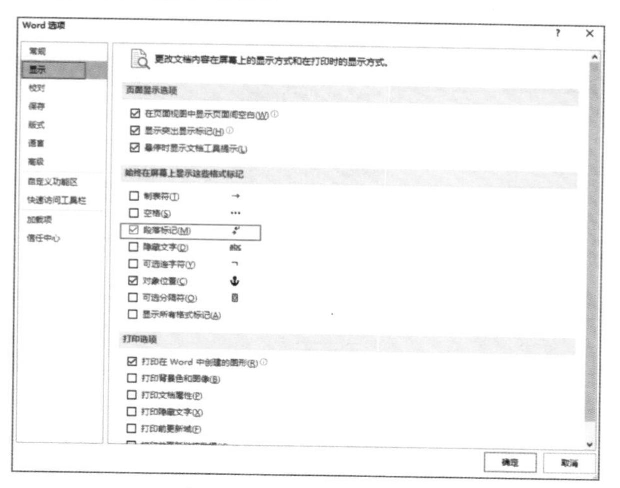

图5-6 “Word选项”对话框

通常不建议大家取消勾选“段落标记”复选框，因为取消后就看不到段落标记了，也看不到标题样式前面的黑点了，也就搞不清楚哪里有样式，以及到底是段还是行了。

5.3 设置每一章的门面——分节中的首页不同

张卓：我们继续介绍美化文档。如果希望每一节的标题1所在的那一页都单独一页，然后让这一页中的页眉消失，该如何操作呢？

小虾：我知道，就是把每一节首页的页眉都删除掉；为了不影响后面的页面内容，我们还要进行分页！

张卓：Good。没错，就是分页。

刚才我们把文档的每一章节都独立分成了一节，接下来可以这么做。

第一步：把光标定位在每一个标题1的末尾。

第二步：单击“插入”选项卡下“页”组中的“分页”按钮进行分页。都做完后，文档中每一节的标题都独立成一页了。

第三步：如图5-7所示，单击“页面布局”选项卡下“页面设置”组右下角的 按钮，在弹出的“页面设置”对话框中选择“版式”选项卡，在“页眉和页脚”选项组中勾选“首页不同”复选框。

图5-7 “页面设置”对话框

这样，每一节首页的页眉和页脚就与其他页不同了。

第四步：把光标定位在第一部分的标题页中，双击页眉进入页眉/页脚编辑状态，把当前页的页眉中的内容删除，同时把页眉中的横线去掉。

第五步：关闭页眉/页脚。

小虾：竟然那么容易，以前老觉得这些操作特别难。我还有个问题，书本的页码，奇数页和偶数页位置不一样，这个是怎么做到的？

张卓：这个不难，来看操作。

5.4 双面打印——分节中的奇偶页不同

如图5-8所示，在“页面设置”对话框中选择“版式”选项卡，在“页眉和页脚”选项组中有两个复选框，一个是“首页不同”，另一个就是“奇偶页不同”。这是什么意思呢？

图5-8 “奇偶页不同”复选框

很简单，就是可以根据奇偶页对文档的页眉分别进行设置，即页眉可以分为奇数页页眉和偶数页页眉。例如，有些文档奇数页页眉是这个文档中章节标题的名称，而偶数页页眉则是这个文档的名称。这又是如何做到的呢？

第一步：在“页面布局”选项卡下“页面设置”组中单击右下角的按钮，在弹出的“页面设置”对话框中选择“版式”选项卡，在“页眉和页脚”选项组中勾选“奇偶页不同”复选框，在下方的“应用于”下拉列表框中选择“整篇文档”选项，最后单击“确定”按钮，如图5-9所示。这样，文档的每一节就分为奇数页节和偶数页节了。

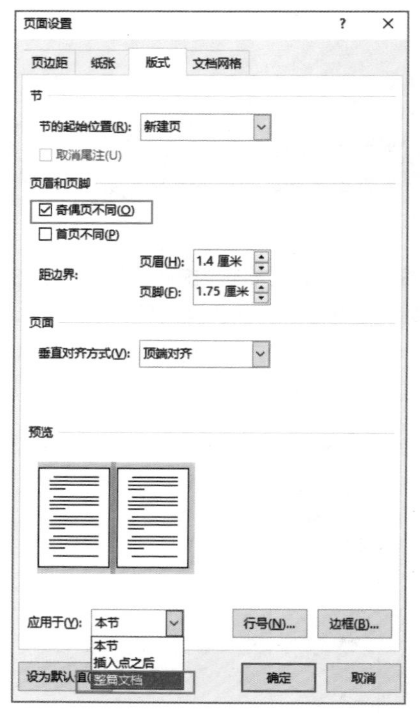

图5-9　设置奇偶页页眉

接着，我们来设置页眉。如果希望奇数页页眉中显示当前节的“标题1”样式，偶数页页眉中显示“投标书”3个字，该如何做呢？

第二步：将光标定位在第3节上，也就是第1部分的第1页里，单击“插入”选项卡下“页眉和页脚”组中的“页眉”按钮。

我们会看到这时的页眉种类就比较复杂了，主要有3类，即首页页眉、偶数页页眉和奇数页页眉，如图5-10所示。

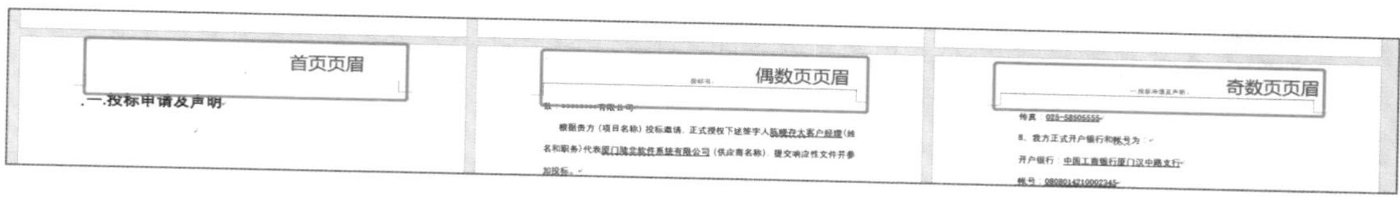

图5-10 不同页眉

第三步：把光标定位在“偶数页页眉”上，你会看到后面带有“与上一节相同”的字样。单击“页眉和页脚工具|设计”选项卡下“导航”组中的“链接到前一条页眉”按钮，使其处于未被选中的状态，如图5-11所示。

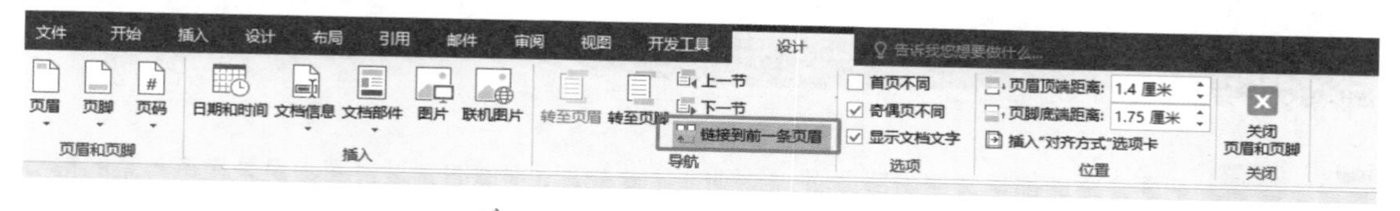

图5-11 单击“链接到前一条页眉”按钮

这样“与上一节相同”字样就被取消了。

第四步：输入“投标书”3个字。再看奇数页页眉，你会发现它显示的就是标题1的内容。

第五步：在“页眉和页脚工具|设计”选项卡中单击“关闭”组中的“关闭页眉和页脚”按钮。

以第3节为例，也就是标书正文的第1章，这一节一共由3页组成，第1页是首页也是奇数页，第2页是偶数页，第3页是奇数页，如图5-12所示。

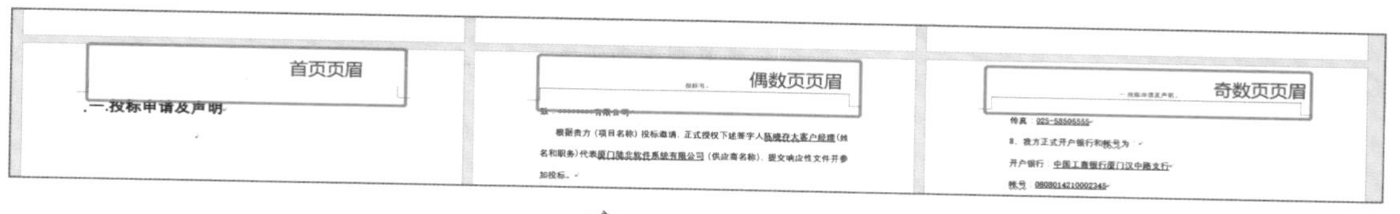

图5-12 不同页眉

由于勾选了“首页不同”复选框，那么这一节就会出现3种不同的页眉设置：首页页眉、奇数页页眉和偶数页页眉。

首页页眉是空；奇数页页眉是标题1的内容，这是我们刚才通过在页眉中插入StyleRef这个域实现的；偶数页页眉就是刚才输入的“投标书”。

怎么样？看似复杂吧，其实并不难，只要你保持清醒的头脑还是很简单的，对不对？

张卓：学习了怎么使奇偶数页页眉显示不同的内容，下面再思考一下：如果想让首页的页脚上不显示页码，奇数页页码显示在页面的最右边，偶数页页码显示在页面的最左边，如何操作呢？

小虾：师父，我马上来完成。

张卓：先别急，我还有最后一招没讲呢，就是如何美化Word文档的“门面”。

5.5　装扮好文档的每一面——美化封面、目录、每一章的首页

张卓：前面介绍的都是文档内部页眉、页脚的美化，接下来做的就是封面、目录和每一章的首页的美化，即我们要做一些背景的美化设计了。至于设计，多种多样，我本人也不是专业设计师，所以这里就介绍一种简单、实用且一下子就能够让你的文档“不一样”的方法。

张卓：首先，最简单的就是插入图片。我们可以称之为图片法。

先设置封面：

第一步：先把封面的标题删除，然后单击“插入”选项卡下“插图”组中的“图片”按钮，在弹出的对话框中选择一张事先准备好的图片，单击“插入”按钮。

第二步：如图5-13所示，插入图片后，在“图片工具|格式”选项卡中单击“排列”组中的“环绕文字”下拉按钮，在弹出的下拉列表中选择环绕类型为“四周型”，然后选择下方的“修复页面上的位置”选项。

图5-13　环绕文字

第三步：把图片拉到占满整个页面，使其成为封面的背景。如果图片不太合适，可以使用“图片工具|格式”选项卡下“大小”组中的“裁剪”功能对图片进行裁剪。

接下来，插入文本框，把希望出现在封面的内容输入文本框内，并且更改格式。操作如下：

第一步：插入文本框，将其放在文档中间靠上的位置，然后输入文字“陆非软件投标文件”。

第二步：选中文本框，将其填充和边框颜色设置为无色，然后把字体颜色改为深蓝，字体为黑体，字号为48磅。

第三步：再次插入文本框，放在文档中间靠下的位置。

第四步：输入文字“厦门陆非软件系统有限公司 二〇一八年一月”，接着选中文本框，将其填充和边框颜色设置为无色，然后把字体颜色改为白色，字体为黑体，字号为二号。

如图5-14所示，封面就完成了！

图5-14　做好的封面

这种方法用于给目录设置背景也是可以的。

第一步：把光标定位在目录上，单击“插入”选项卡下“插图”组中的“图片”按钮，在弹出的对话框中选择一张图片，单击“插入”按钮。将图片插入后，在“图片工具|格式”选项卡的“排列”组中单击“环绕文字”下拉按钮，在弹出的下拉列表中选择“衬于文字下方”，然后选中“修复页面上的位置”，把图片拉到占满整个页面，操作类似刚才的封面。

第二步：如图5-15所示，在“图片工具|格式”选项卡的“调整”组中单击“颜色”下拉按钮，在弹出的下拉列表中选择浅蓝色，目的是让图片的整体色调跟封面能搭配。

调整后的目录如图5-16所示。

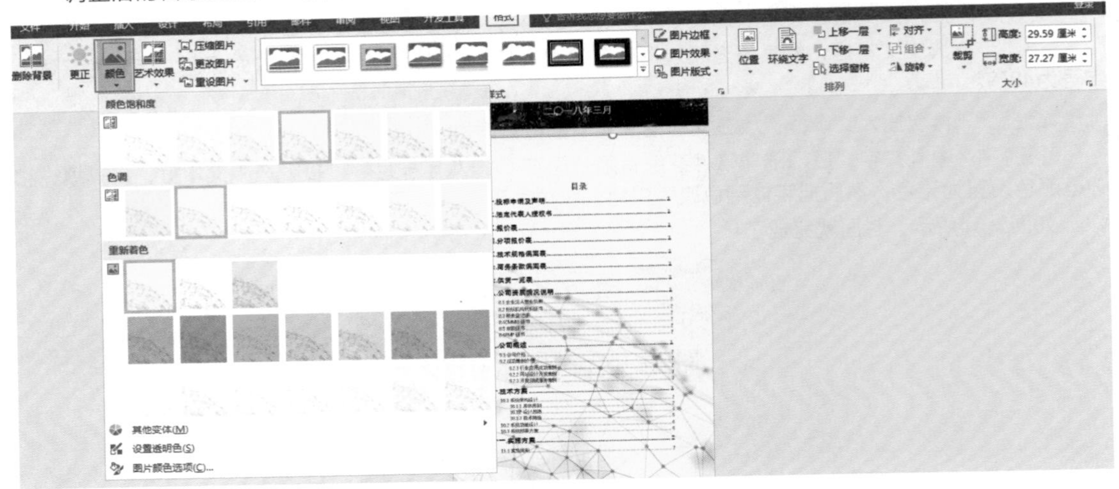

图5-15　颜色调整

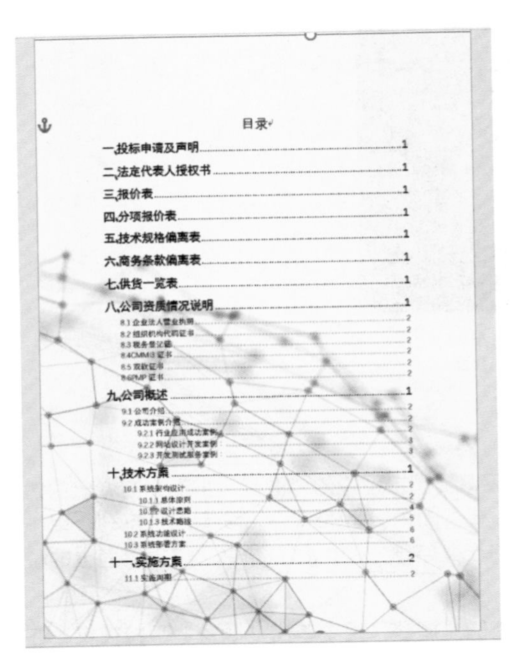
目录

一.投标申请及声明 1
二.法定代表人授权书 1
三.报价表 1
四.分项报价表 1
五.技术规格偏离表 1
六.商务条款偏离表 1
七.供货一览表 1
八.公司资质情况说明 1
九.公司概述 1
十.技术方案 1
十一.实施方案 2

图5-16　调整后的目录

小虾：果然高了好几个档次，这是外卖和西餐的区别啊！

接下来就是最后一道工序啦——每一章的首页设计。还记得我们在分节后做过每一章的首页不同吗？这些工作你在边输入边设置的时候就做完，后面会有很多福利的。你看，福利又来了。

第一步：单击“插入”选项卡下“页眉和页脚”组中的“页眉”按钮，然后单击“插入”选项卡下“插入”组中的“图片”按钮。没错，我们在这一页的页眉中插入图片。把图片的“环绕文字”排列方式改为“四周型”，然后选中“修复页面上的位置”。

第二步：如图5-17所示，把图片进行了简单的裁剪后，将图片拉到整个页面中间靠下的位置，接着调整一下“颜色”。大家在做这一步的时候，可以根据自己所需的图片和文档风格进行选择。

第三步：完成后，单击“页眉和页脚工具|设计”选项卡下“关闭”组中的“关闭页眉和页脚”按钮。

第四步：把第一章的大标题也就是标题1的格式修改为黑体、初号、深蓝色。

图5-17　页眉中的图片

第五步：如图5-18所示，把光标放在“样式”组中的“标题1”的位置，右击，在弹出的快捷菜单中选择“更新标题1以匹配所选内容”命令，这样每一章的大标题的格式就一次性改好了。

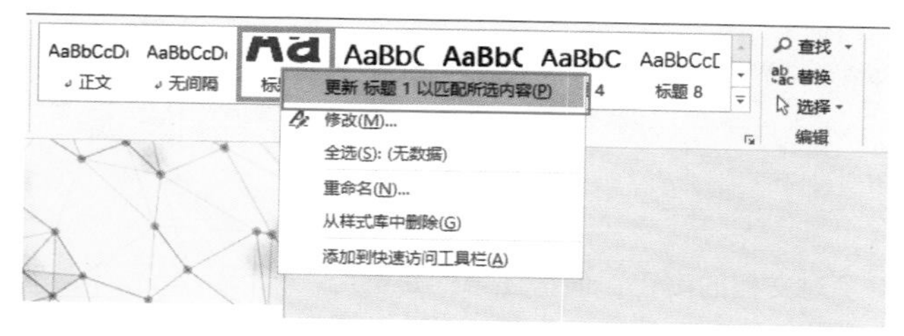

图5-18　更新标题格式

张卓：搞定，收工。效果如图5-19所示。

小虾：果然是，人靠衣装，Word靠排版啊！

张卓：怎么样，就这样插入3次图片，就做完文档的美化了。如果觉得图片和配色不好看，可去请教做平面设计的朋友。我主要教大家掌握方法，剩下的图片、配色、字体格式等大家都可以根据实际需求来掌握。

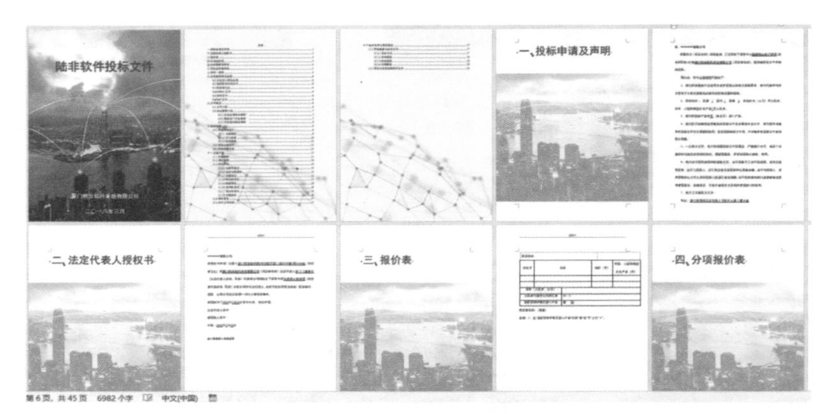

图5-19 美化完毕后的文档

课后悄悄话

今天的课程看起来简单，但做起来还是需要一点时间的，毕竟我们是在从“好”到“美”的路上，这些时间也是值得我们投入的。至此，我们用了3节课，以标书为例，把一篇长文档的编排就讲完了，以后，不论是标书、论文、报告、说明书等这一类文档的编辑对你来说一定不成问题啦。

但是，当我们从零开始输入一篇文档的时候，怎么规划才能让文档在后期排版的时候能够顺顺利利的呢？下一节课，我会专门给大家介绍编辑一个文档的逻辑顺序。

课后小结

本课主要讲了对文档的美化，值得注意的是都与“分节”离不开，在进行文档编排的时候一定要时刻注意进行“分页”与“分节”。分节后我们可以单独对每节的页眉进行操作，设置首页不同或奇偶页不同等。文档的美化过程中，也可以通过简单地插入图片来使文档立马变得“高大上”！

课后作业

下载课堂资料文档，通过插入奇偶页页眉以及插入图片等操作来尝试进行文档的美化。

第6课　排好论文、标书等长文档的逻辑以及进阶规划

前面的课程我们是用一篇已经写好的文档来给大家讲解如何进行文档的排版。如果要从头开始撰写一篇文档，需要注意什么呢？写一篇好论文、标书等的长篇文档之前，要如何进行文档的规划呢？

张卓

规划？不就是噼里啪啦打字吗？

小虾

6.1 设置纸张和页面格式

张卓：在撰写文档之前，我们需要针对文档进行规划。首先要对纸张和页面进行相应的设置，如何设置呢？

如图6-1所示，单击“页面布局”选项卡下“页面设置”组中的“页边距”下拉按钮，在弹出的下拉列表中选择“自定义页边距”选项，在弹出的“页面设置”对话框中设置具体的页边距。比如公文的页边距：上边距为3.7cm、下边距为3.5cm、左边距为2.6cm、右边距为2.6cm。单击“确定”按钮，就把文档的页边距修改完了。

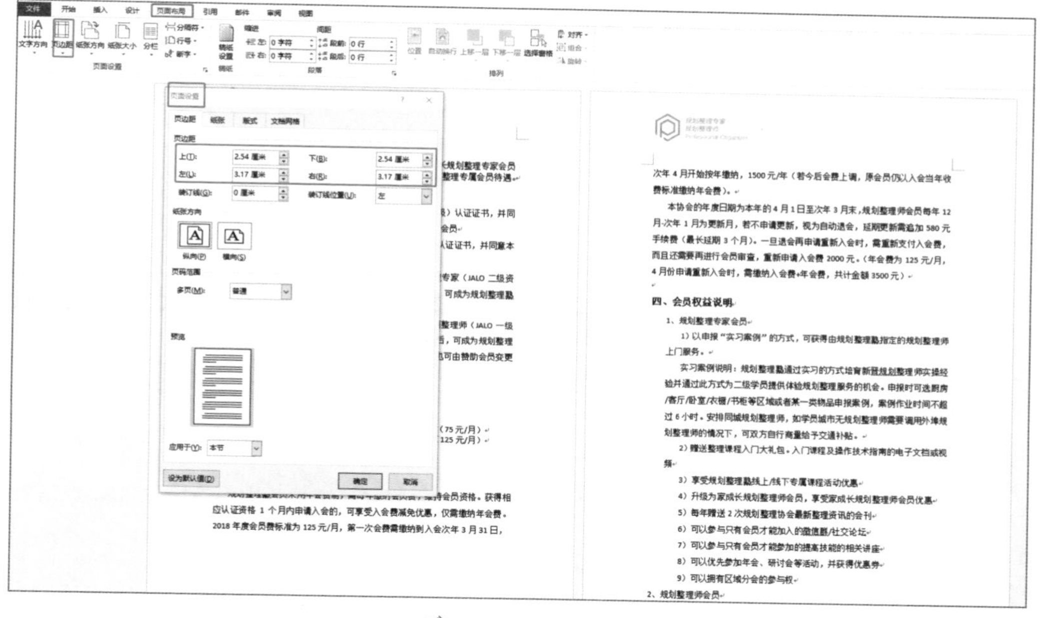

图6-1　页边距设置

标书、论文等非公文文档也需要设置页边距，特别是在有页眉和页脚设定的情况下。如果保持默认的上边距，会让上面的空间显得特别拥挤，尤其是有图片或者复杂页眉的时候更是如此。如图6-2所示，左边是默认上边距的文档，右边是设置了3.7cm上边距的文档，很明显，右边的页眉看上去更舒服，左边的则略显拥挤。

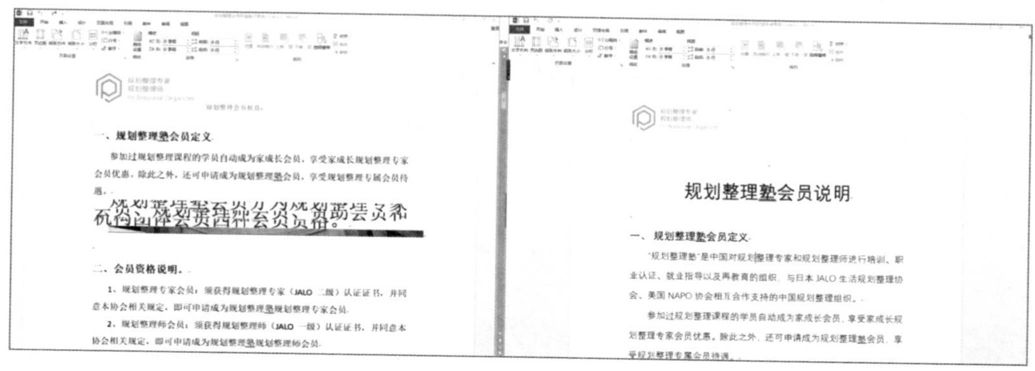

图6-2　不同的页边距

张卓：小虾，把你打印过的没进行页面设置的资料拿出来对比一下就知道了。

小虾：这也太难看了，怎么都挤一块儿了？

张卓：这就是没有设置纸张类型和页面的后果。设置完页面之后，第二步我们要做什么？

小虾：这个简单，设置样式。

张卓：没错。

6.2 样式设定你需要了解更多，进一步了解段落和样式

接下来，我们需要设定文档的样式。

第一步：除了直接在“开始”选项卡下“样式”组中的“样式”下拉列表中选择所需样式，还可以单击“样式”组右下角的按钮，打开“样式”窗格，如图6-3所示。

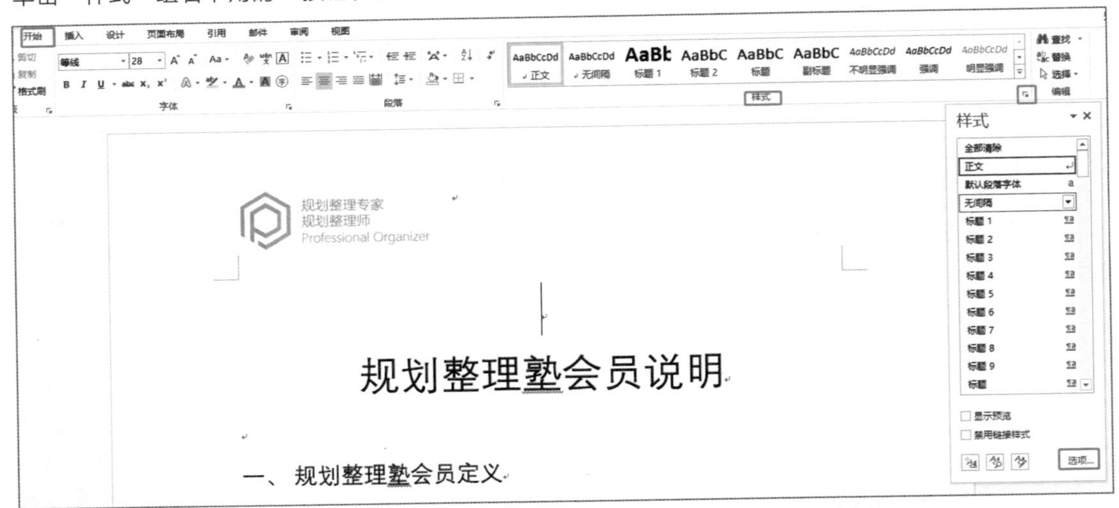

图6-3 “样式”窗格

第二步：如图6-4所示，单击“样式”窗格右下角的“选项”按钮，在弹出的“样式窗格选项”对话框的“选择要显示的样式”下拉列表框中选择“所有样式”。

第三步：单击“确定”按钮，这样做的目的是把全部的样式都显示出来。

如果需要输入的文档一共有3个级别，那么我们就提前设定好标题1～标题3的样式。

第四步：如图6-5所示，在“样式”窗格中单击“标题1”右边的下拉按钮，在弹出的下拉列表中选择“修改”选项。

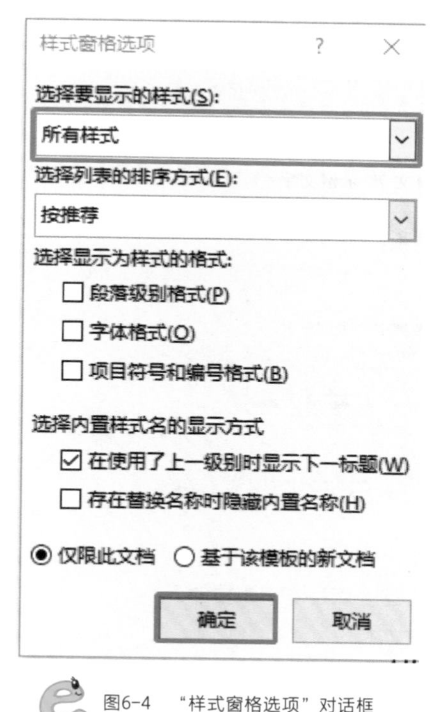

图6-4　“样式窗格选项”对话框

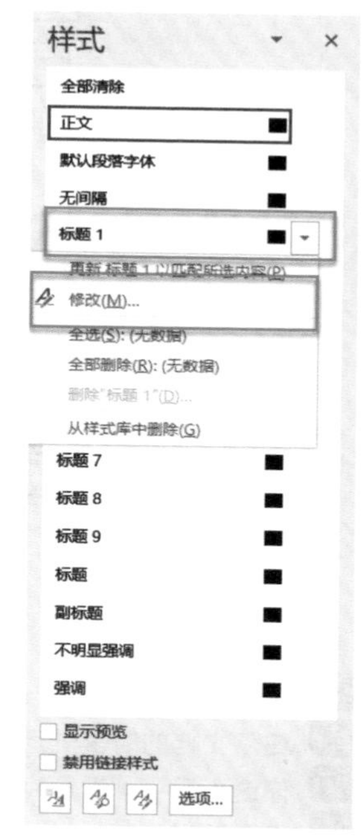

图6-5　选择“修改”选项

第五步：在弹出的“修改样式”对话框中选择需要的字体和字号(在第3课中曾介绍过）。

在此值得注意的是“样式基准”和“后续段落样式”两项，如图6-6所示。“样式基准”是基于正文，也就是标题的格式都是基于正文，不要随意更改正文样式，否则所有的标题样式都会被更改。

“后续段落样式”里显示的是一个段落标记+正文，这是什么意思呢？意思是当输入完标题1 的内容后，按Enter键换段，接下来的就是“正文”样式。

简单地说，标题样式是基于段落的，我们没有办法只更改标题中连续几个字的格式，让同一级别的标题也跟着自动更新，如要更改就要改一段。当然，标题就是应用于一整段的，没有办法只应用在一段中的几行或者几个字。

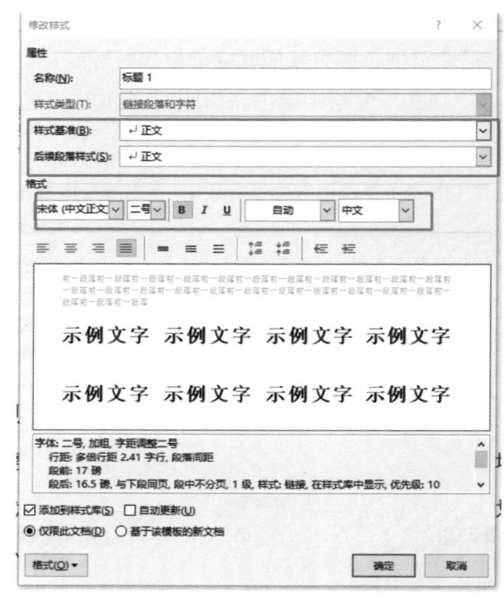

图6-6　“修改样式”对话框

张卓：再次强调……

小虾：编写文档的时候一定要边输入边设置样式，这一点是非常重要的。

张卓：你这小滑头。设置完样式，接下来你要做什么？

小虾：设置页码？

张卓：你忘记了你的目录页码对不齐的事了？

小虾：哎呀，想起来了，想起来了，是分节，分节。

6.3　分节设定的意义

张卓：我们不仅要边输入边设置样式，还要边输入边分节，每一章都要独立成一节。这在输入过程中是非常重要的，这样可以保证在输入完成后能够很顺利地进行页眉和页脚的设置。

小虾：接下来就可以进行页眉和页脚的操作了，一份Word文档就完成啦！

张卓：完全正确。

6.4 页眉和页脚及制作目录回顾

接下来就是设置页眉和页脚了。因为分节的原因，可以为不同的节添加不同的页眉和页脚，这些知识在上一节课跟大家提过了。

然后就是给文档添加页码。因为已经在输入的时候就分好了节，我们很容易让页码的第1页从指定的节开始。页码设定完成后，直接通过“引用”选项卡下“目录”组中的“目录”功能插入目录，如图6-7所示。

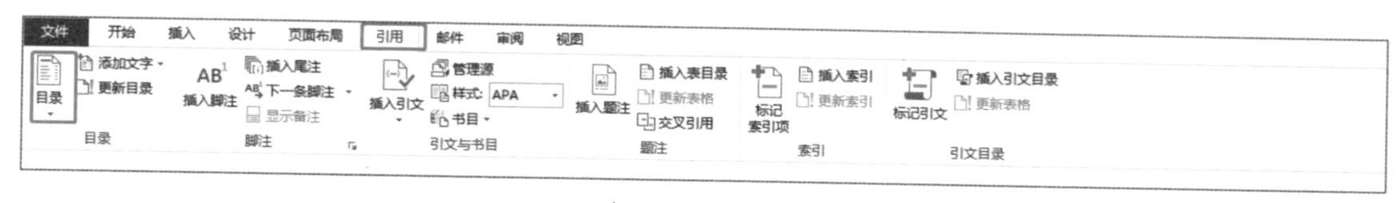

图6-7 插入目录

张卓：到了这一步，你的Word文档已经很好了，但是为了让Word文档更完美，我们还需要……

小虾：还需要？哦，打印，打印吗？

张卓：错！一张精美的封面，但如果文档要求封面就是白底黑字，那么真的就可以打印了。

一张好的封面是提升阅读兴趣的关键。设计一张精美的封面的同时，也可以对目录和正文进行进一步的美化设计。

6.5 双面文档的打印设置

张卓：注意，注意，以上是单面打印文档的规划。

小虾：师父的意思，双面文档打印设置还不一样？

张卓：当然！

如果是双面打印的文档，我们就需要通过以下方法进行设置。

在6.1节中，我们要设置好装订线区域。如图6-8所示，在“页面设置”对话框的“页边距”选项卡中有专门的装订线设置。

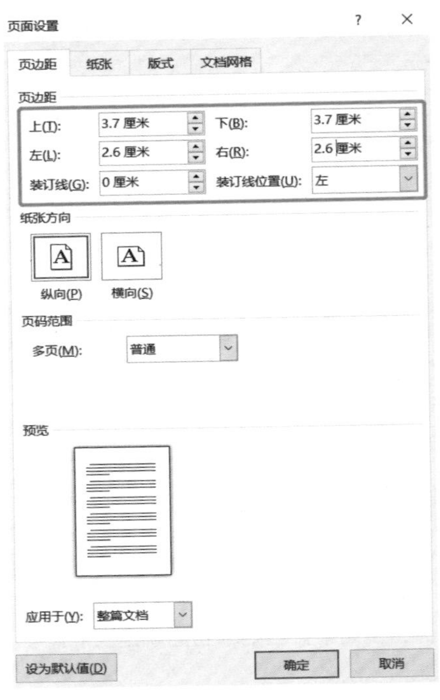

图6-8 装订线设置

在6.3节中，就需要设定好页眉、页脚的奇偶页不同，这还是在“页面设置”对话框的“版式”选项卡中进行选择。

在6.4节中，设定页码和页眉时就分成了奇数页的页眉、页脚和偶数页的页眉、页脚，需要分别进行设置。这里的设置比较复杂，且听我慢慢说。

如果设置了奇偶页不同，页眉和页脚的链接关系也会不同。在没有设定奇偶页不同的时候，页眉、页脚的设定都默认链接到上一节，如图6-9所示。

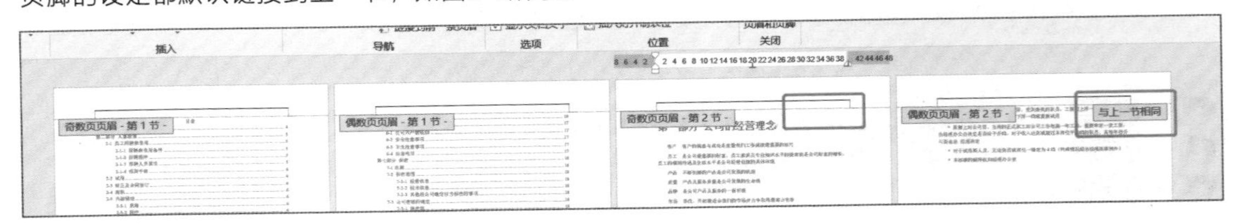

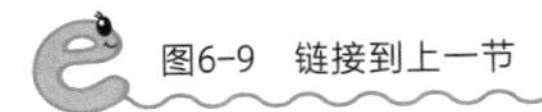
图6-9 链接到上一节

如果设定了奇偶页不同，就会存在奇数页页眉、页脚和偶数页页眉、页脚，如图6-10所示。

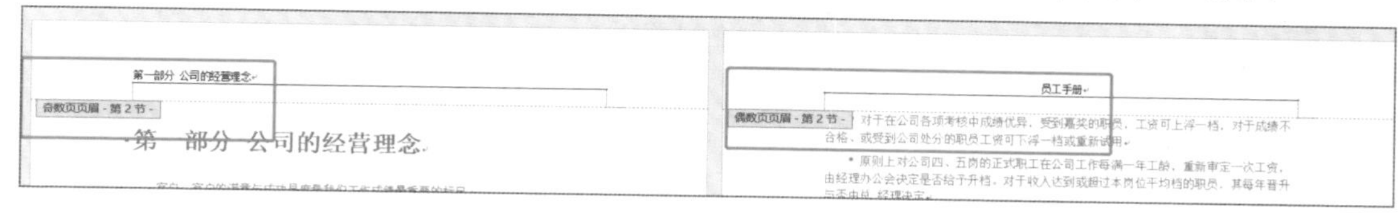

图6-10　奇偶页不同

设置奇偶页不同之后，奇数页页眉是链接到上一节的奇数页页眉，中间隔了上一节的偶数页，偶数页页眉是链接到上一节的偶数页页眉，中间隔了当前节的奇数页。

页脚也是一样，也就是说在奇偶页不同的双面打印的情况下，我们在设定页眉、页脚的时候需要取消两次链接，第一次是奇数页的链接，第二次是偶数页的链接。

这样说起来有一些绕口，图6-11可以简单地表明关系。

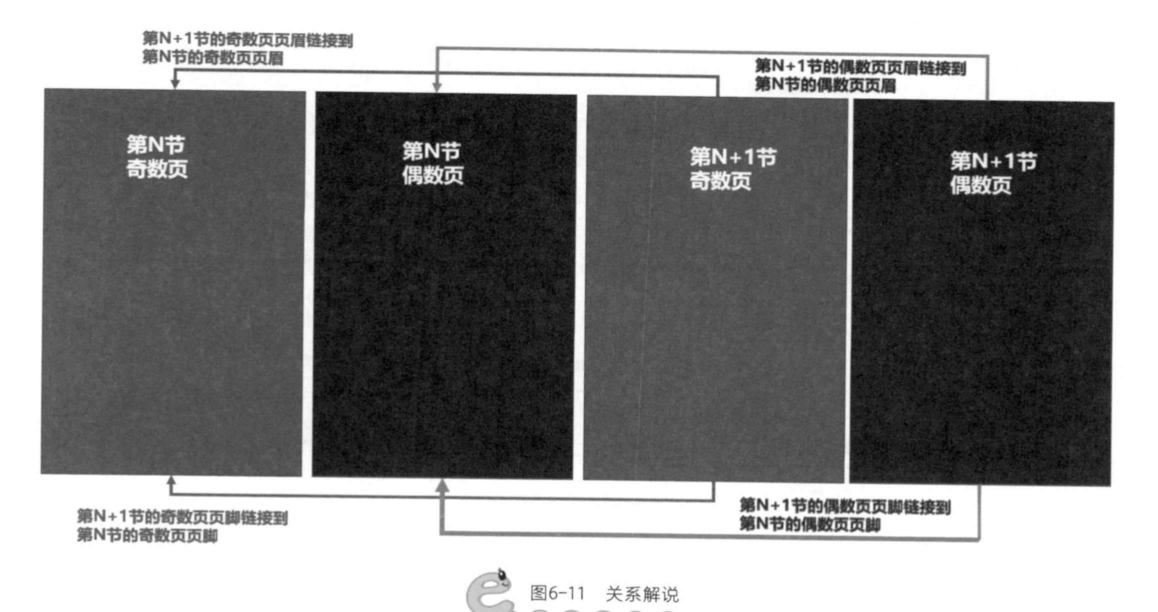

图6-11　关系解说

如图6-12所示，这是一篇文档，第1节有两页，是目录，第2节是正文部分的第1章。

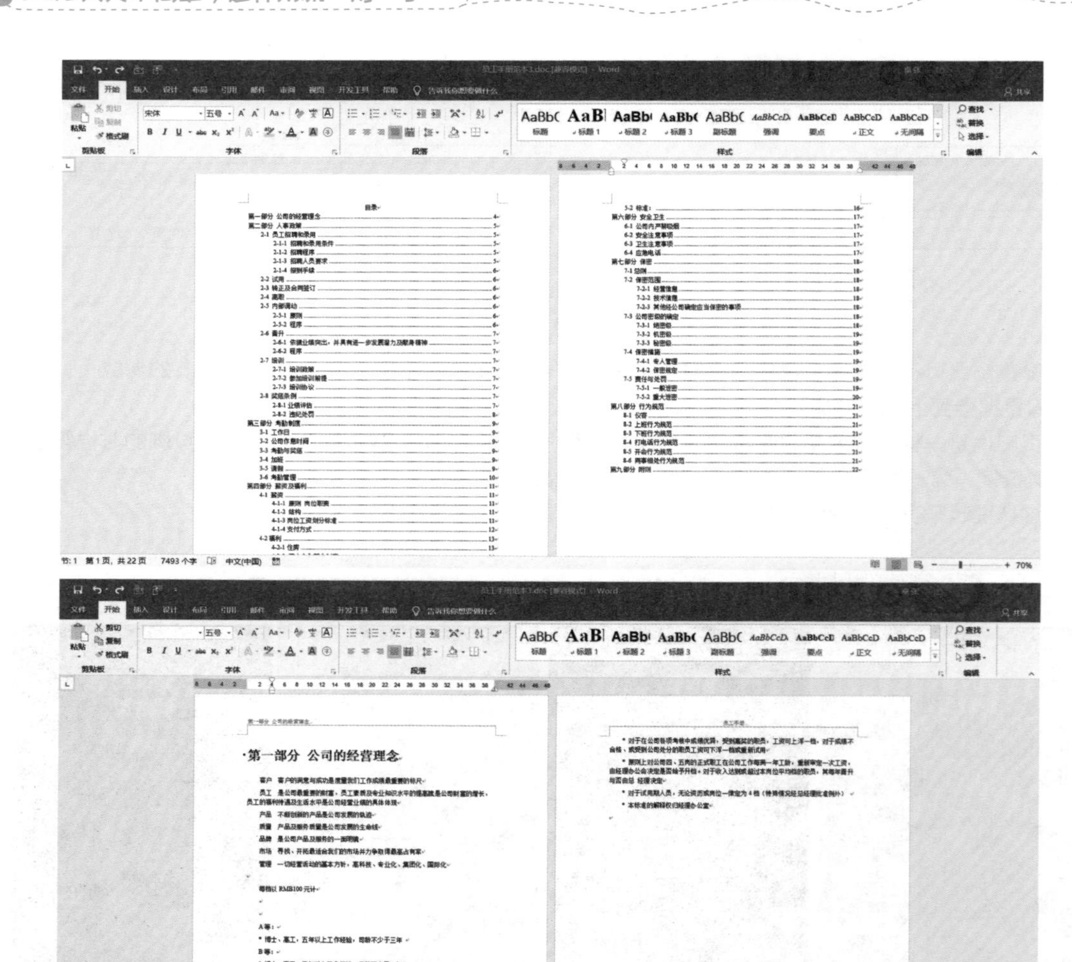

图6-12 示例文档

现在我要双面打印，要求目录上没有页眉而正文里有，已经设定了奇偶页不同。如图6-13所示，我们先进入页眉编辑状态，页眉已经被分为奇数页页眉和偶数页页眉。

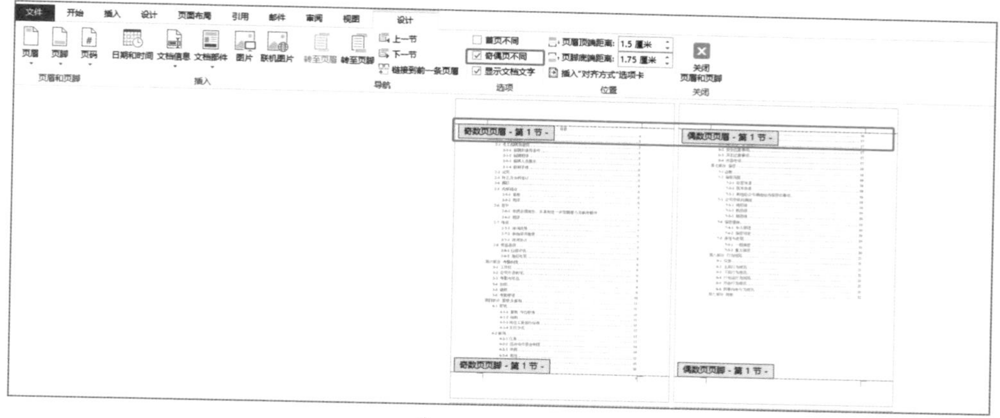

图6-13　页眉分类

我们只希望在第2节正文的部分设置页眉，而目录上不需要页眉。

第一步：把光标放在第2节也就是正文的第1章第1页的页眉上，单击“页眉和页脚工具|设计”选项卡下“页眉和页脚”组中的“链接到前一条页眉”按钮，如图6-14所示。

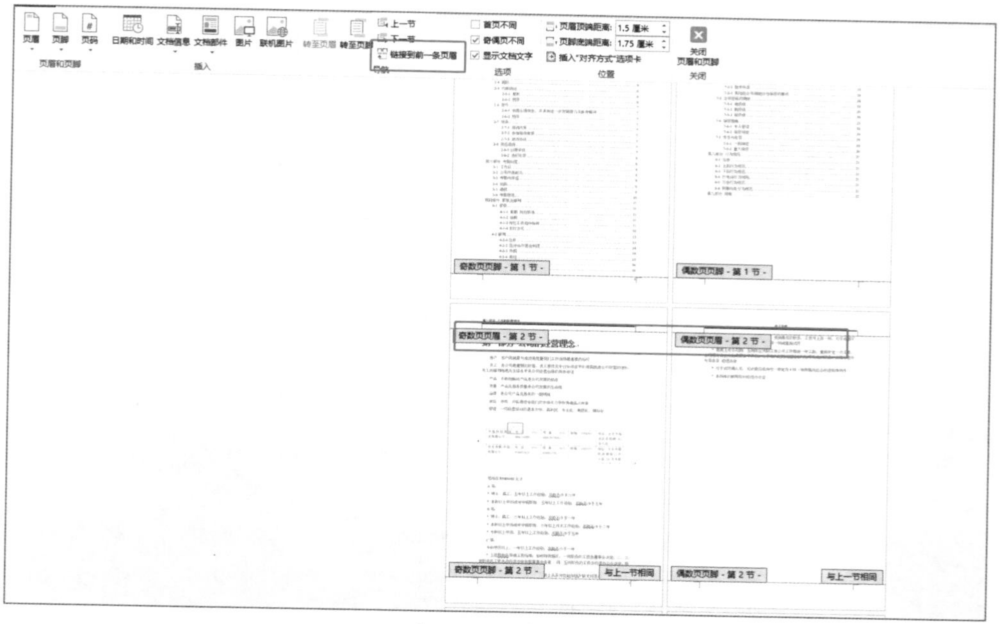

图6-14　取消链接

因为之前是选定状态，现在再次单击相当于取消了链接，这样本节也就是第2节奇数页的页眉就跟上一节的奇数页的页眉取消链接了。

但是，你会发现后面那一页的页眉后面还带有“与上一节相同”字样，如图6-15所示。

图6-15　与上一节相同

这就意味着第2节只有奇数页页眉是跟前面一节的链接断开的，而偶数页页眉并没有。因此，需要再次对偶数页页眉的链接进行取消。

第二步：重复刚才的操作，在“页眉和页脚工具|设计”选项卡下单击“页眉和页脚”组中的“链接到前一条页眉”按钮。因为之前是选定状态，现在再次单击相当于取消了链接。

第三步：至此，页眉设定完成。接下来，我们只需在奇数页页眉上单击“页眉和页脚工具|设计”选项卡下“插入”组中的“文档部件”下拉按钮，在弹出的下拉列表中选择“域”选项，在弹出的“域”对话框左边的“域名”列表框中选择StyleRef，在中间的“样式名”列表框中选择“标题1”，单击“确定”按钮；然后在偶数页页眉上直接输入“员工手册”4个字，再关闭页眉和页脚即可。最终效果如图6-16所示。

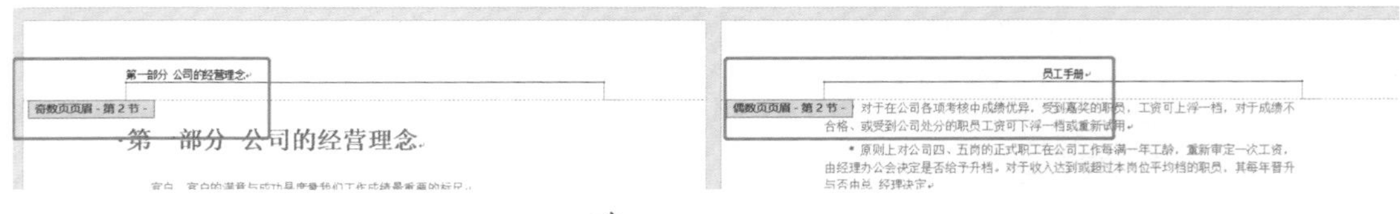

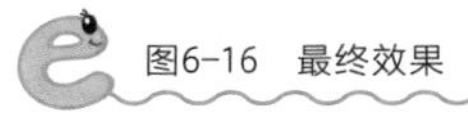
图6-16　最终效果

第四步：最后，如果要打印输出，就选择“双面打印”。

张卓：小虾，你说单面打印和双面打印文档规划顺序的异同是什么？

小虾：师父，我用一张表来回答吧，如表6-1所示。

表6-1 单面打印和双面打印文档规划顺序的异同

单面打印的文档顺序	双面打印的文档顺序
设置页边距	设置页边距+装订线
定义好样式，然后边输入边设置	定义好样式，然后边输入边设置
边输入边分节	边输入边分节
设置页眉和页脚	设置页眉、页脚+奇偶页&首页不同
插入页码	插入页码
制作封面	制作封面

张卓：就冲这张表也给你个优秀，举一反三的能力不错。接下来谈水印。你说说，水印的作用是什么？

小虾：标书的水印通常是保密提示，类似“公司机密”“请勿外传”之类，有的会是公司的Logo。

6.6 水印其实很简单，Word也会“偷懒”

如何插入水印呢？有以下两种方法。

方法1：

如图6-17所示，单击“设计”选项卡下“页面背景”组中的“水印”下拉按钮，在弹出的下拉列表中选择“自定义水印”选项，这样就可以选定想要的水印了。

图6-17 水印

方法2：就是下面这个秘密。

跟大家说一个秘密，如果你想知道水印到底是怎么来的，可以单击“插入”选项卡下“页眉和页脚”组中的“页眉”按钮，然后用鼠标单击水印文字，你会发现这时出现了“艺术字工具”选项卡，如图6-18所示。

“文字水印”其实就是在页眉中插入的艺术字。接下来，把艺术字的排列方式由“环绕文字”改为“衬于文字下方”。

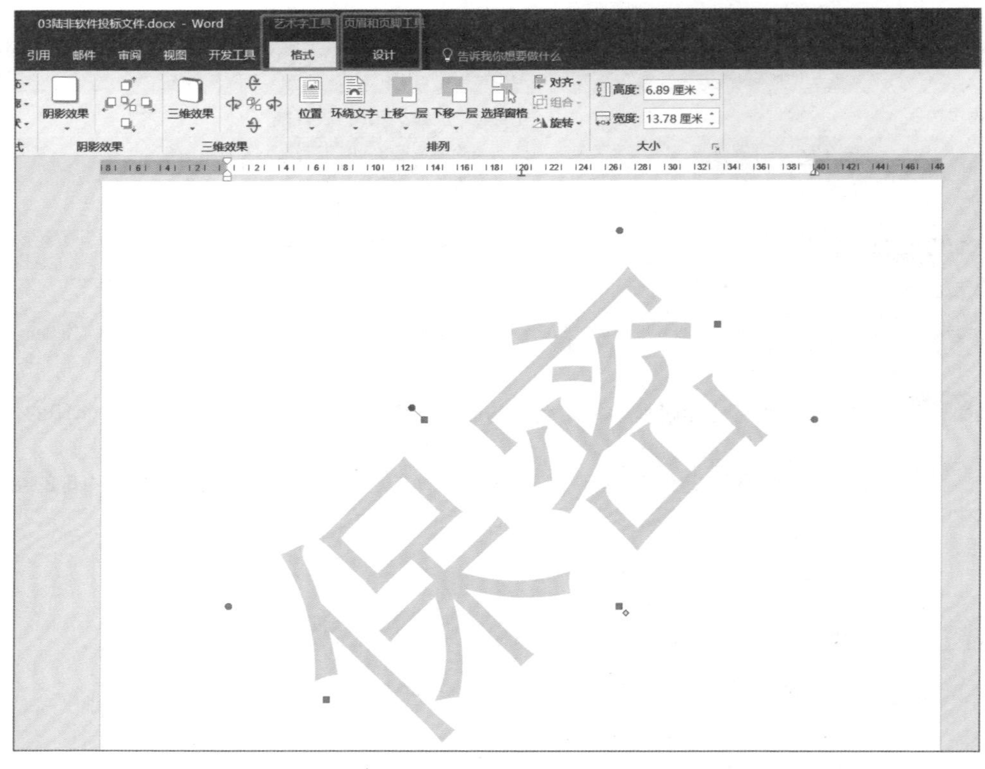

图6-18 “艺术字工具”选项卡

小虾：这个好酷，可以用来打造专属我的印记。

张卓：这有什么？你想要添加图片水印也可以，只要在页眉中插入图片就可以啦。

小虾：连图片水印都能插入？

张卓：还有更酷的，我们可以让不同页的水印也不同！

小虾：师父求教。

张卓：忘记分节功能了吗？我们可以给不同的节设置不同的页眉，也就意味着可以让水印不重复。

小虾：节是个好东西，我们要好好爱它。

张卓：前面说完大方向的美观设置，那小方向的细节把控也需要注意。

小虾：字、行、段、页、节，所以在文档编写的过程中，我们还需要考虑行和段的设置。

6.7　给你的眼睛一个最舒服的阅读环境——行间距的设置

行间距的单位是“磅”和“几倍行距”。行间距太窄会给读者带来视觉压力，过宽的话则会让文档整体显得很稀疏。多数文档都是字号大但是行间距没有改变，看上去并不美观。公文的行间距是固定值28磅和1.5倍行距，标书、论文等非公文文档的行间距我建议使用“最小值26磅”。

如图6-19所示，固定值的特点就是行距固定不变，不会因为字体大小发生变化，比较适合于“固定空间”的位置，比如页眉或者页脚。

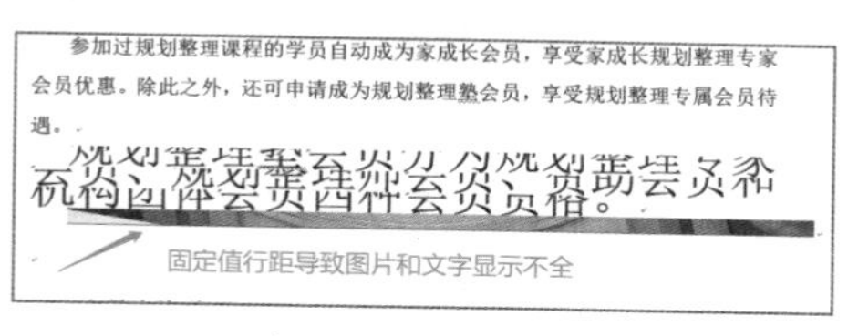

图6-19　固定值行距

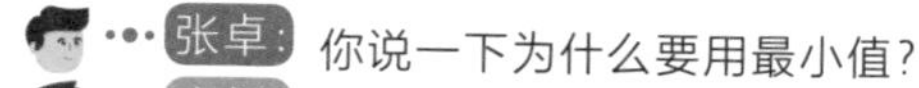

张卓：你说一下为什么要用最小值？

小虾：国家规定的？

张卓：那是根据最小值的特点来定的。

最小值的特点是只要行间距不小于此值，行间距会随着字号的变大而自动加大，方便我们进行微调。为什么非公文排版要用最小值，而不是固定值呢？因为这样可以避免文档中出现某一标题过大，或者“标题1”出现在某一页的最末、某一段文字的最后几个字出现在新的一页的第一行。

张卓：这就是为什么非公文排版要用最小值的原因。

张卓：最后我们测试“段间距”。

6.8　泾渭分明——段间距

张卓：请问，段间距分为哪两类？

小虾：段间距分为段前间距和段后间距。

张卓：没错，段间距的设置有段前间距和段后间距之分。

段前间距通常使用在标题前，让段与段之间的分隔更加明显，如段前半行或者6磅。

段后间距一般较少使用，常见于在某一段后面带有表格的情况下。通常一段文字后面如果跟着一个表格，那么这段文字与表格之间的距离就会特别窄，这时我们就需要使用段后间距了。

如图6-20所示，单击“开始”选项卡下“段落”组右下角的↘按钮，在打开的“段落”对话框中设置段前间距和段后间距。

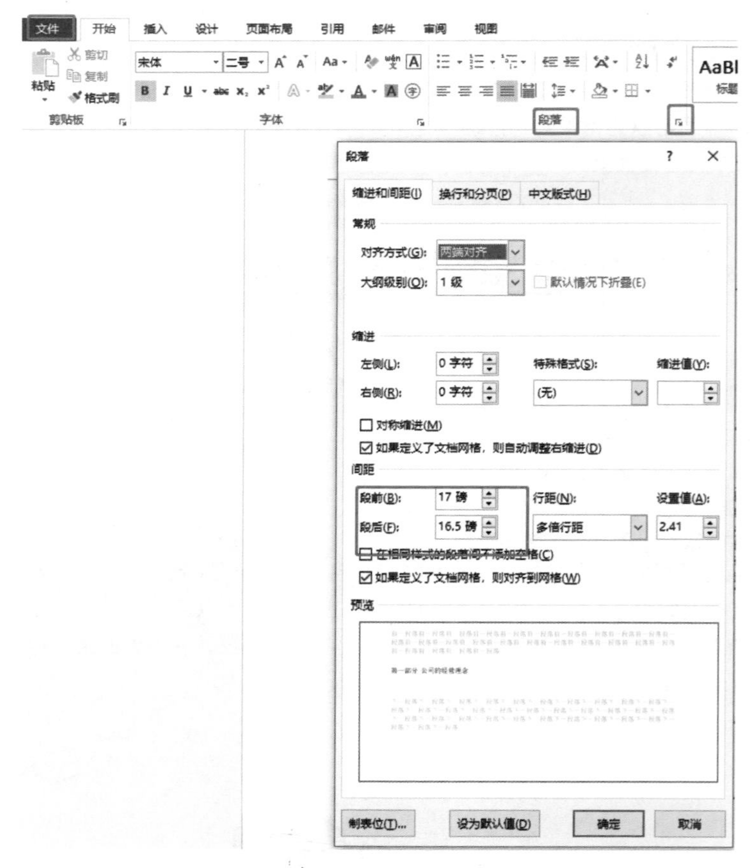

6-20 设置段间距

张卓：对了，还有一个注意事项，为师还是要提醒你。

6.9　格式的清除和分节符的清除

像标书这样的文档中可能会有许多部分都是从其他文档复制过来的，这就意味着最终合成文档中的格式有可能会不统一，存在各种不同的格式或者样式，也会存在不同的页眉和页脚。

接下来我们就需要清除格式。不同的页眉和页脚产生的原因实际上就是文档中有太多的节，不同的节产生不同的页眉或者页脚。

因此，只需删除文档中的节，然后再删除页码即可。那么，清除格式和删除节这两个操作要怎么来做呢?

1. 清除格式

如图6-21所示，选中文档，直接单击“开始”选项卡下“字体”组中的“清除格式”按钮。

选中文档，然后单击“样式”组中的“正文”按钮。

2. 删除分节符和页码

还记得我们前面讲的替换功能吗？快速删除文档中的空行使用的是什么方法？如果忘了，可以参考第2课的内容。

删除分节符可以这样做。

第一步：如图6-22所示，单击“开始”选项卡下“编辑”组中的“替换”按钮，打开“查找和替换”对话框。在“查找内容”框中输入“^b”，或者单击下方的“更多”按钮，在展开的对话框中单击“特殊格式”下拉按钮，在弹出的下拉列表中选择“分节符”选项。

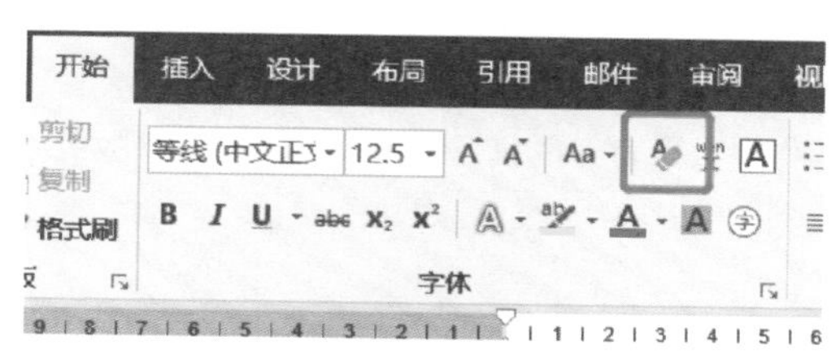

图6-21　清除格式

图6-22　清除分节符

第二步：将“替换为”设置为空，然后单击“全部替换”按钮。

第三步：把多余的或者不统一的页码删除，单击“插入”选项卡下“页眉和页脚”组中的“页脚”按钮。

如图6-23所示，取消勾选“首页不同”“奇偶页不同”复选框。然后，单击“页眉和页脚”组中的“页脚”下拉按钮，在弹出的下拉列表中选择“删除页脚”选项。

经过以上操作，我们就可以把文档中的页眉或者页脚上的信息全部清除了。

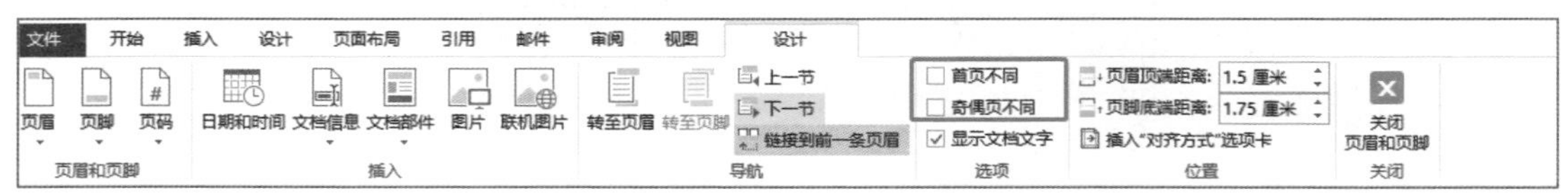

图6-23　取消勾选“首页不同”和“奇偶页不同”复选框

到这节课为止，我们已经系统学习了Word最强大的功能——排版，大家一定要一步步按照课程内容进行操作才能更好地熟悉Word！下节课，我们来说说Word的进阶秘籍，即如何用Word制作表格。你可千万不要以为只有Excel才能制作表，Word的表格功能也是超级强大的，可以帮助我们完成很多看似不可能完成的任务。Word表格具体有哪些特点？我们在做Word表格的时候要注意什么呢？现在先卖个关子，我们下节课再见！

排版一篇长文，第一步是设置纸张和页面格式；第二步是设置样式，进行文字的输入；第三步是分节及页眉页脚的制作。在Word文档操作中，只有养成良好的习惯，才能使排版更加整齐、美观，同时也能加快工作速度！

下载标书文档，自己进行排版，设置双面打印格式，同时尝试不同的字体大小、行距。

第7课　Word中的表格功能很强大，做出的报表不会“输”给Excel

职场中，制作表格是特别常见的工作，统计、计算、分析、工作汇报等都需要用到表格。当老板说"把这个做成一份表格"的时候，可能大部分人都觉得用Excel做表格比较顺手。其实Word同样可以做到，只不过很多人没有掌握Word的制表技巧，很多情况下Word制表会比Excel更加方便。

从这节课开始，我将带你去发现Word更多、更好玩的功能以及常见问题的处理方法。

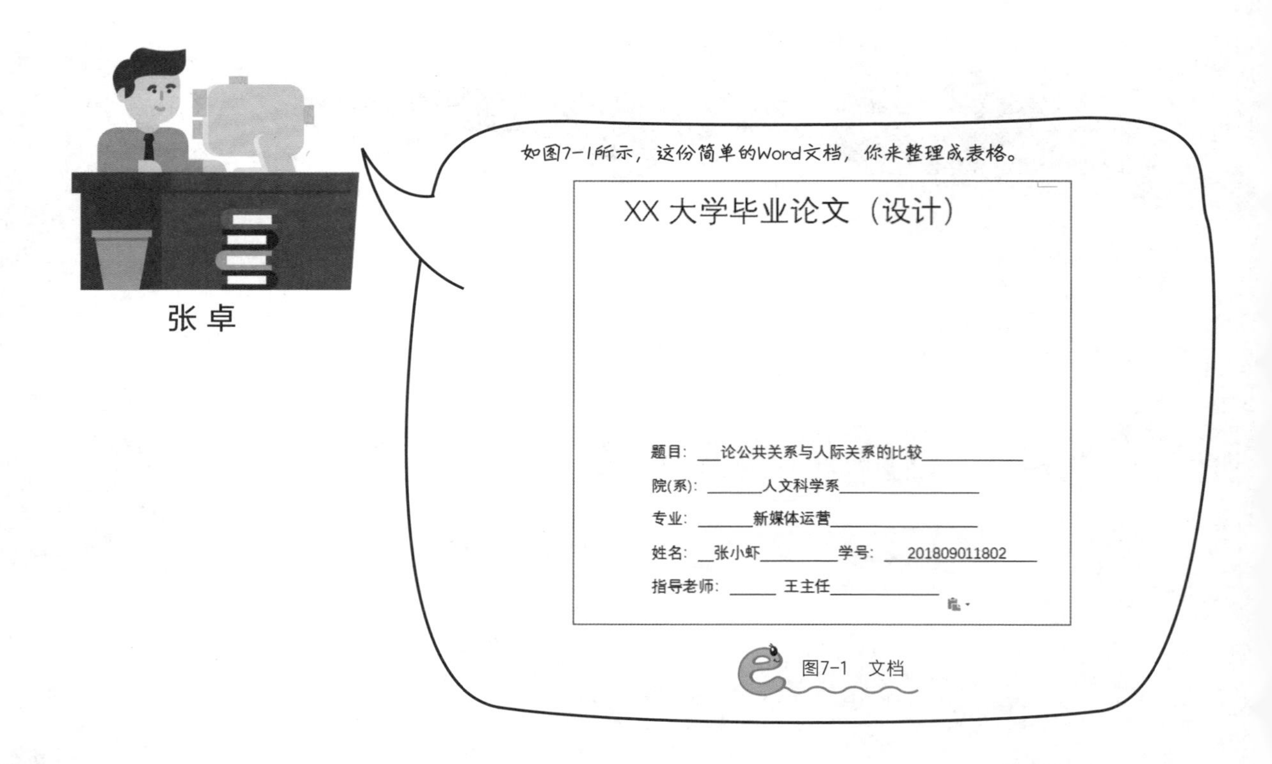

图7-1　文档

我的天呐！等你做完要到猴年马月啊。

张卓

以前都是用Excel制作表格嘛！Excel制作表格已经足够强大了，干嘛用Word?

小虾

看来你对Word的理解不深啊，实际上Word的表格功能可不比Excel差。今天我就教你如何用Word来制作表格。

张卓

7.1 开篇：Excel表格和Word表格的区别

张卓：我先简单说说Excel表格和Word表格的区别。小虾，一个Excel单元格能够拆分成左右两个吗？

小虾：当然可以！

张卓：但答案是不可以。

小虾：为什么？

张卓：因为在Excel里最小的单位就是一个“格”，这就是为什么叫作“单元格”的原因。大多数表单类型或者说填空型的表格并不适合用Excel来做，如履历表、个人信息表等。回到上面那个问题，如果你制作的Excel表格一定要把一个单元格拆分成左右两个，你会怎么办呢？

小虾：那就再插入一列，两列并一列。

张卓：没错，这是Excel的常规用法。首先将需要拆分的单元格内容填写在左右两列中，接下来的一步是最麻烦的，就是要把多余出来的空间合并到一列中。

如图7-2所示，在表格中为了把“资讯”和“调研费”分开，就只能够插入一列——B列，然后将下面的第6~13行对应的A、B两列合并单元格。

	A	B	C	D	E
1					
2	项目名称:				
3	内容		时间	第一季度	
4			1	2	3
5	资讯	调研费			
6	创意设计				
7	制作费				
8	媒体发布				
9	促销售点				
10	公关新闻				
11	代理服务费				
12	管理费				
13	其他				
14	合计				
15					
16					

图7-2　合并单元格

小虾：师父，短一点还好，数据一多又分散的话就好麻烦啊！您有妙招吗？

张卓：当然，使用Word表格就不会出现这样的问题。下面我们就来学习怎么用Word表格进行排版。

7.2　意想不到的Word表格排版功能

张卓：如图7-3所示，这是一个“时间安排表”，你看看这里面有什么排版问题？

小虾：文字上下对不齐，这样一点都不好看。

张卓：其实，作者也不想要这样的效果，只是当Word遇到中英文混排或者中文和数字混排的时候，上下文字就会对不齐，因为一个中文字符的宽度和一个英文字符或数字的宽度是不同的。如图7-4所示，如果第一行有一个英文字母“I”，而下一行的开头是一个英文字符“W”，接下来要想将上下行对齐几乎是不可能的了。

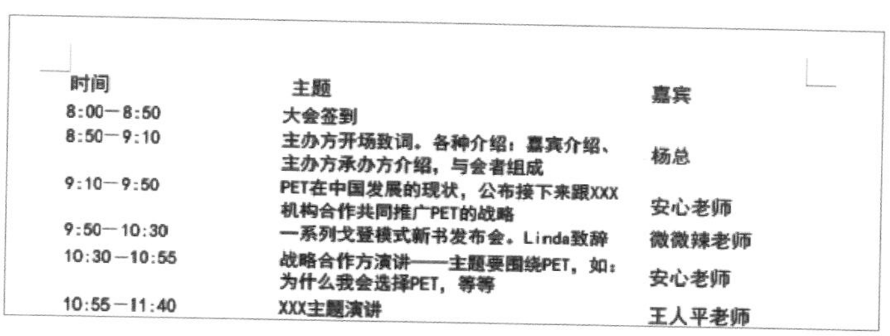

时间	主题	嘉宾
8:00—8:50	大会签到	
8:50—9:10	主办方开场致词。各种介绍：嘉宾介绍、主办方承办方介绍，与会者组成	杨总
9:10—9:50	PET在中国发展的现状，公布接下来跟XXX机构合作共同推广PET的战略	安心老师
9:50—10:30	一系列戈登模式新书发布会。Linda致辞	微微辣老师
10:30—10:55	战略合作方演讲——主题要围绕PET，如：为什么我会选择PET，等等	安心老师
10:55—11:40	XXX主题演讲	王人平老师

图7-3 时间安排表

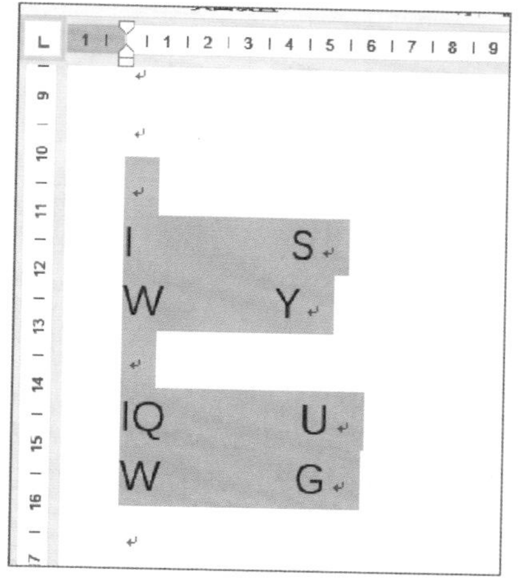

图7-4 对不齐的排版

小虾：那怎么才能做到让它们对齐？

张卓：用Word表格啊！可以使用表格来帮助我们实现上下行文字的对齐。别担心，表格的框线是可以设置成“无”的。

小虾：表格？要怎么做呢？

张卓：来，我们就把这个“时间安排表”重新排版一下。

第一步：如图7-5所示，单击“插入”选项卡下“表格”组中的“表格”下拉按钮，在弹出的下拉列表中通过预览的方式选择行数和列数，在此插入一个7行3列的表格。

图7-5 插入表格

第二步：如图7-6所示，将文字信息输入表格，同时调整表格的行、列宽度，使其看上去更清爽、整洁。

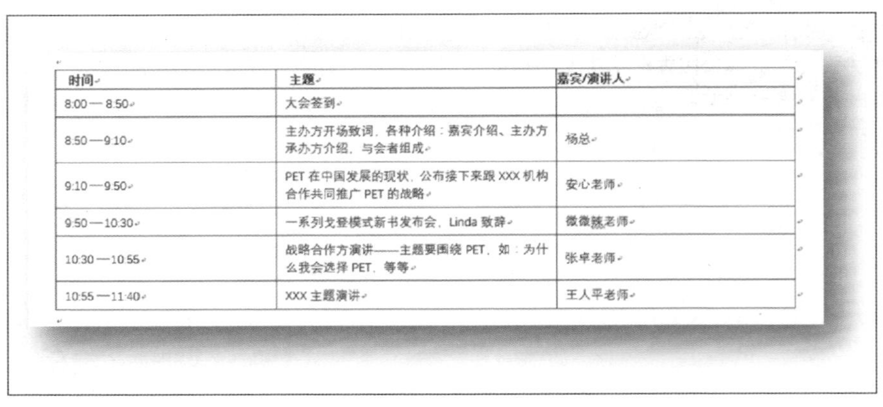

时间	主题	嘉宾/演讲人
8:00—8:50	大会签到	
8:50—9:10	主办方开场致词、各种介绍：嘉宾介绍、主办方承办方介绍、与会者组成	杨总
9:10—9:50	PET 在中国发展的现状，公布接下来跟 XXX 机构合作共同推广 PET 的战略	安心老师
9:50—10:30	一系列戈登模式新书发布会，Linda 致辞	微微陇老师
10:30—10:55	战略合作方演讲——主题要围绕 PET，如：为什么我会选择 PET，等等	张卓老师
10:55—11:40	XXX 主题演讲	王人平老师

图7-6　输入文字

第三步：如图7-7所示，选中表格，在“表格工具|布局”选项卡中单击“自动调整”下拉按钮，在弹出的下拉列表中选择“根据内容自动调整表格”选项。

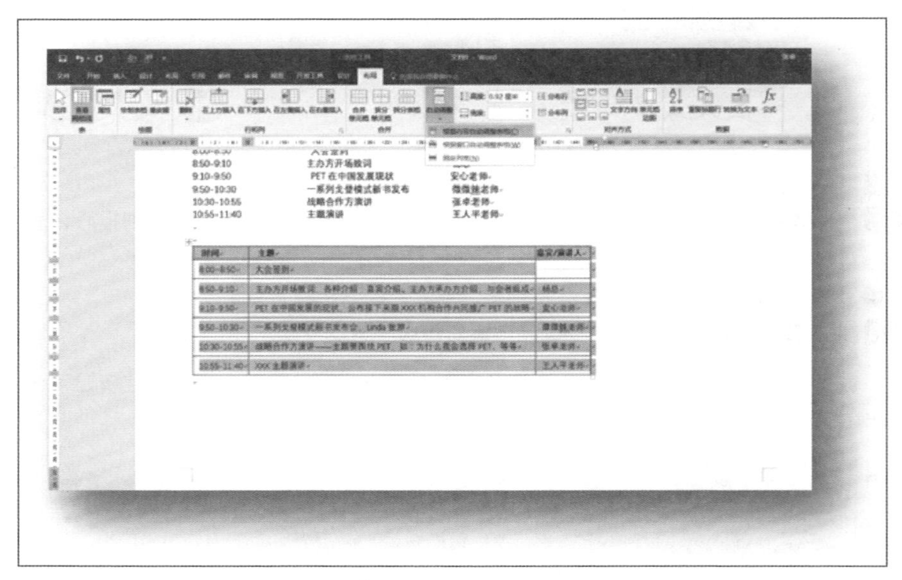

图7-7　进行表格调整

第四步：如图7-8所示，选中整个表格，单击“开始”选项卡下“段落”组右侧的“边框”下拉按钮，在弹出的下拉列表中选择“无框线”选项。

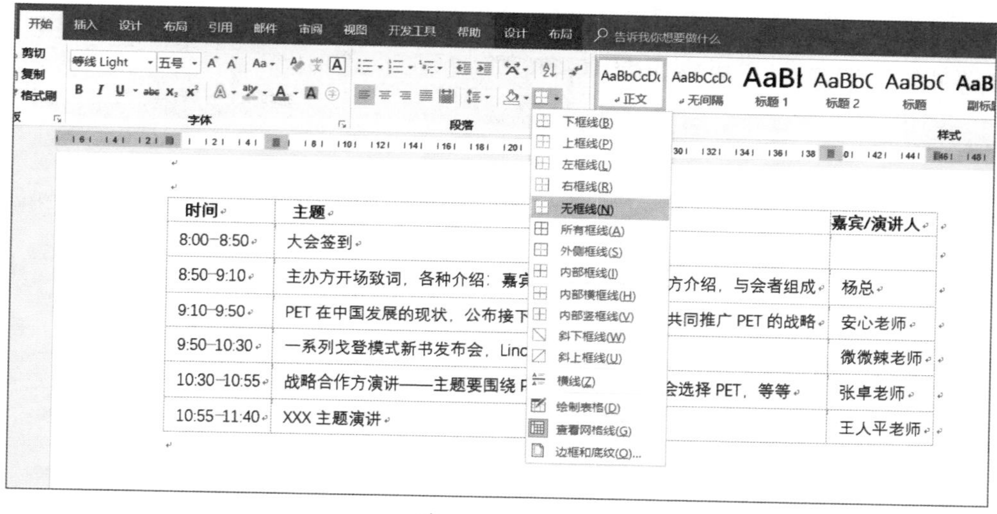

图7–8　取消边框

如图7–9所示，把表格修改为“无框线”以后，Word依然保留了表格预览的效果，线条是虚的，打印的时候虚线是不会出现的。

时间	主题	嘉宾/演讲人
8:00–8:50	大会签到	
8:50–9:10	主办方开场致词，各种介绍：嘉宾介绍、主办方承办方介绍，与会者组成	杨总
9:10–9:50	PET 在中国发展的现状，公布接下来跟 XXX 机构合作共同推广 PET 的战略	安心老师
9:50–10:30	一系列戈登模式新书发布会，Linda 致辞	微微辣老师
10:30–10:55	战略合作方演讲——主题要围绕 PET，如：为什么我会选择 PET，等等	张卓老师
10:55–11:40	XXX 主题演讲	王人平老师

图7–9　虚线线条

小虾：哇！这样看就舒服多了，Word表格功能简直是太强大了！

张卓：Word表格功能远不止如此，这只是Word表格的一种“非表格”用法，接下来教你如何用Word表格解决企业资料排版问题。

7.3　神奇操作——文本转化为表格

张卓：图7-10是一家企业的网页复制内容，我们的目标是将其做成一张表格，在15分钟内做完，小虾，你做得到吗？

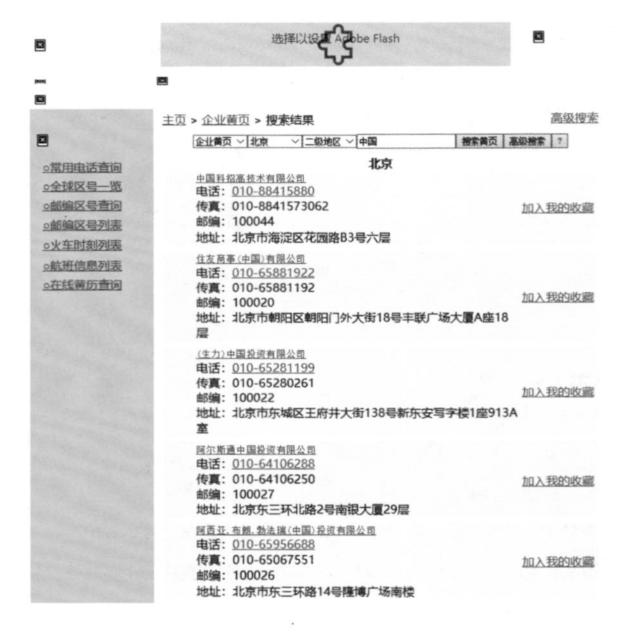

图7-10　企业网页

小虾：师父，刚才那份简单的表格我30分钟都搞不定，这个对我来说太难了！还是请您直接展示吧。

张卓：年轻人，要自信啊，其实并不难。

把网页复制到Word中，粘贴完成后在右下角的“粘贴选项”列表中选择“仅保留文本”，这样网页就被复制到Word中了，如图7-11所示。现在这种状态显然不是很清爽，让有强迫症的我一看就想好好整理一番。那么在整理的这份文档中发现了什么问题呢？

我告诉你们：第一，“加入我的收藏”这段文字不需要，可以删除；第二，文档中有太多多余的空格需要删除。

中国科··招高·技·术有限公司
电话：010-88415880
传真：010-8841573062
邮编：100044
地址：·北京市海··淀区·花园路 B-3 号六层·
加入我·的··收藏

住友商事(中国·)有限公司
电话：010--658819-22
传真：010--65-881192
邮编：100020
地址：北京市朝··阳区朝阳门·外大街··18 号丰联·广场大厦 A 座 18 层·
加入我·的··收·藏

□
(生力·)中国投·资·有限公司
电话：010-65-281199
传真：01-0-65280261
邮编：100-022
地址：北京市东城区··王府井大··街 138 号新东安写字楼 1 座 913A 室·

图7-11　复制后的企业信息

张卓：这两个问题很好解决，要删除多余空格和“加入我的收藏”这段文字，使用在第2课中学习的方法就可以。还记得吗？没错，替换。

第一步：单击“开始”选项卡下“编辑”组中的“替换”按钮，打开“查找和替换”对话框，在“查找内容”框中输入“加入我的收藏”。

第二步：如图7-12所示，在“替换为”框中不输入任何内容，然后单击“全部替换”按钮，这样瞬间就删除了“加入我的收藏”几个字。

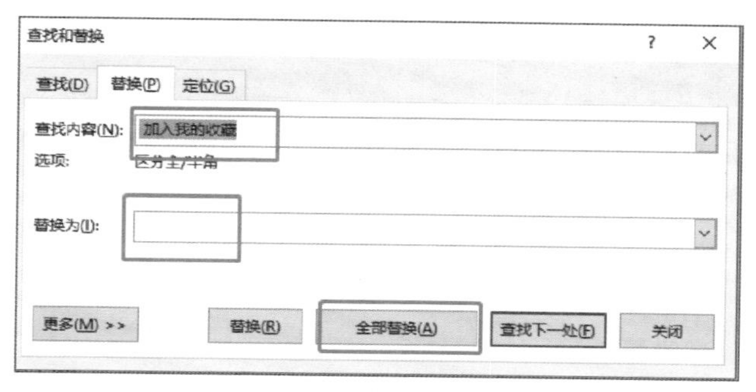

图7-12　“查找和替换”对话框

这个问题现在解决了，各位看看还有需要调整的地方吗？

对了，怎么还有很多的空格没有被删除，这很影响排版效果。

不过没关系，以后如果遇到类似情况，你不需要弄清楚这个“空格”到底是什么编辑符号，直接在文档中复制这个空格部分，粘贴到“查找和替换”对话框的“替换”选项卡下的“查找内容”框中就行了，如图7-13所示。“替换为”框保持空的状态，然后单击“全部替换”按钮，怎么样，空格消失了吧？

又干净又整洁，舒服！

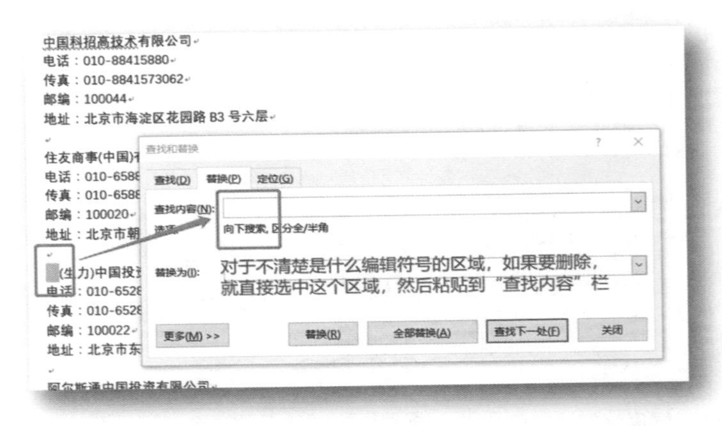

图7-13　“替换”选项卡

画外音：通常替换不了的空格，有可能是中文输入法下的全角空格，也有可能是Tab制表符。要搞清楚这些都是什么符号，还有一种方法，就是单击“开始”选项卡下“段落”组中的“显示/隐藏编辑标记”按钮，这样就可以看到各种被隐藏的编辑符号，如空格、全角空格、制表符、分节符等。

张卓：不过，到目前为止还没完成全部整理工作，文档中每一个企业信息中间都有空行，现在要把空行都删除，如何做呢？

小虾：替换！

张卓：聪明！这其实是在第2课就跟大家分享过的内容。

复习一下吧，具体操作如下。

第一步：在“查找和替换”对话框的“替换”选项卡中单击下方的“更多”按钮，如图7-14所示。

第二步：如图7-15所示，把光标定位在“查找内容”框中，单击下方的“特殊格式”下拉按钮，在弹出的下拉列表中选择“段落标记”选项。

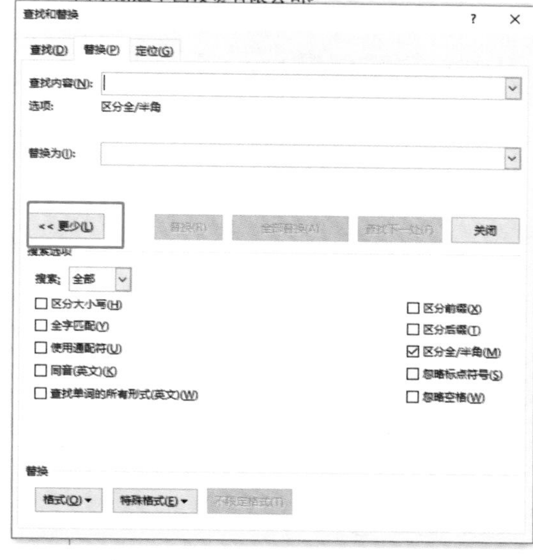

图7-14　单击“更多”按钮展开对话框

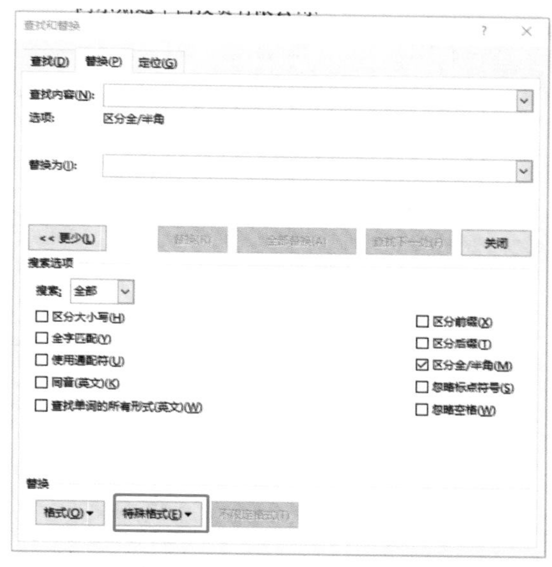

图7-15　单击“特殊格式”下拉按钮

第三步：再选一次“段落标记”，这样“查找内容”框中出现的是两个段落标记。

第四步：在“替换为”框中输入一个段落标记，单击“全部替换”按钮。

以后大家熟悉了，直接输入“^p”即可，就不需要在“特殊符号”下拉列表中选择了。

你或许会问，这和Word表格有什么关系呢？你想啊，企业信息如果用表格的方式来显示，可读性是不是更强呢？

到现在这种状态，要怎么做出表格呢？

没关系，关键的技巧就在这里啦。

第一步：如图7-16所示，选中整个文档，单击“插入”选项卡下“表格”组中的“表格”下拉按钮，在弹出的下拉列表中选择“将文字转换成表格”选项。

第二步：如图7-17所示，在弹出的“将文字转换成表格”对话框中设置“列数”为5，在下方“文字分隔位置”栏中选中“段落标记”单选按钮。

第三步：单击“确定”按钮。

如图7-18所示，我们期待的表格就出现了。

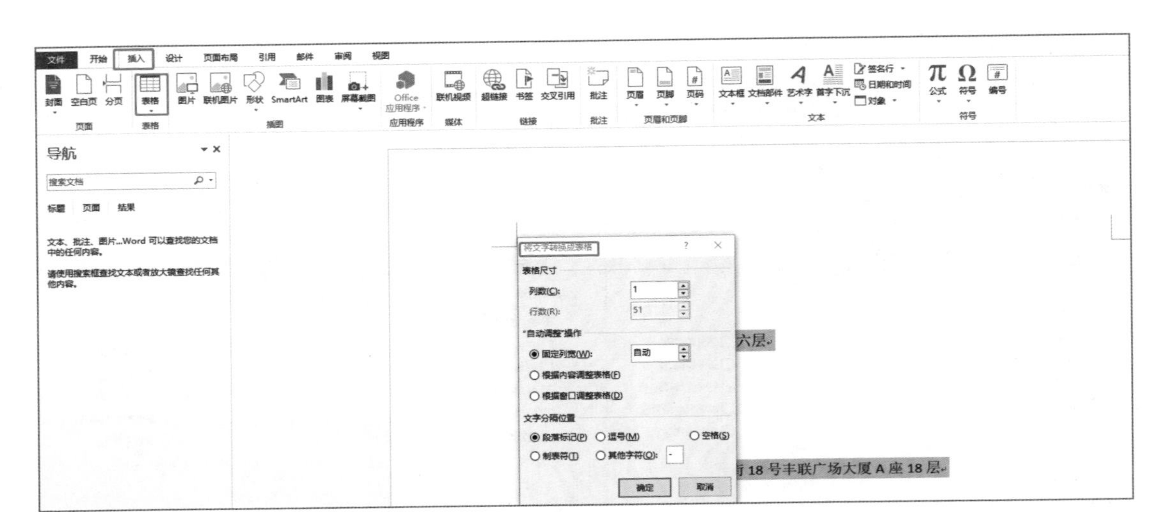

图7-16　“将文字转换成表格”对话框

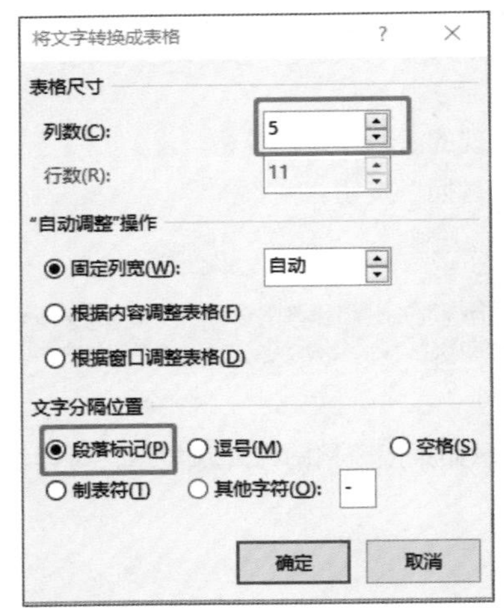

图7-17　“将文字转换成表格”对话框

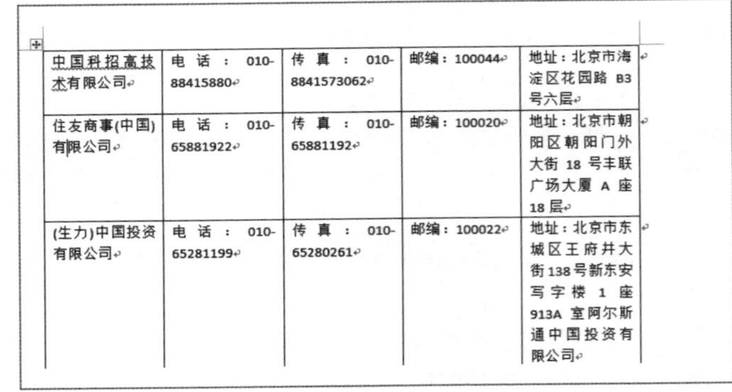

中国科招高技术有限公司	电话：010-88415880	传真：010-8841573062	邮编：100044	地址：北京市海淀区花园路B3号六层
住友商事(中国)有限公司	电话：010-65881922	传真：010-65881192	邮编：100020	地址：北京市朝阳区朝阳门外大街18号丰联广场大厦A座18层
(生力)中国投资有限公司	电话：010-65281199	传真：010-65280261	邮编：100022	地址：北京市东城区王府井大街138号新东安写字楼1座913A室阿尔斯通中国投资有限公司

图7-18　生成的表格

这里选择5列的原因是文档中的每个企业的信息都分为公司名称、电话、传真、邮编和地址5部分，那么生成的表格也要有5列，这样每一个企业信息就正好显示在一行中，方便查看。文字分隔位置为“段落标记”的意思就是表格中每一个单元格是由“段落标记”来决定的，即文档中的每一段都是一个单元格，每5个单元格一行。

接下来，我们还需要给这个表格添加一个标题行。

如图7-19所示，把标题填入，分别是“公司名称”“电话”“传真”“邮编”“地址”。

公司名称	电话	传真	邮编	地址
中国科招高技术有限公司	电话：010-88415880	传真：010-8841573062	邮编：100044	地址：北京市海淀区花园路B3号六层
住友商事(中国)有限公司	电话：010-65881922	传真：010-65881192	邮编：100020	地址：北京市朝阳区朝阳门外大街18号丰联广场大厦A座18层
(生力)中国投资有限公司	电话：010-65281199	传真：010-65280261	邮编：100022	地址：北京市东城区王府井大街138号新东安写字楼1座913A室阿尔斯通中国投资有限公司

图7-19 为表格添加标题行

聪明的你一定会问：张老师，这个Word表格怎么看着怪怪的？

因为现在有表头了，那么就需要从第2行开始将所有的“电话：”“传真：”“邮编：”“地址：”全部删除。

要在Word表格中插入一行或一列，操作很简单。如果你用的是Word 2016版本，直接把光标放在要添加行或列的一边，即添加行就把光标定位在该行最左边，添加列就把光标定位在该列的顶端。此时会出现一个“+”形状的标志，直接单击就可以添加行或者列。如果是低于Word 2016的版本，可以选中某一行或者列并右击，在弹出的快捷菜单中选择相应的命令，就可以插入行或者列了。是不是很简单？

张卓：现在，你知道要怎么做了吗？

小虾：替换！让我来，让我来！1次、2次、3次、4次！老师，这样一个一个弄很麻烦啊！

张卓：4次就觉得麻烦了，那要是10次、20次呢？看师父教你高级的做法。

插入完标题行后，做了4次替换，看似节约了不少时间，但并非最快。我们发现这里有一个规律，那就是把后面带有冒号的文字及冒号都删除了。如果是这样的话，我们可以使用“通配符”替换法。

第一步：打开“查找和替换”对话框，把光标定位在“查找”框中，输入“*：”（星号+冒号）。

第二步：在“替换为”框中保持空的状态，单击“更多”按钮，勾选下方的“使用通配符”复选框，然后单击“全部替换”按钮。怎么样？原来要做4次替换，现在1次就够了。

张卓：这其实就是通配符的运用。使用通配符替换的方式可以大幅提升工作效率。例如，把所有以“000”开头的编号突出显示等，这一类的问题都可以使用此法。尤其是当有人盯着你操作的时候，更要“放大招”啊。学到了吗？

这还没完，我们继续。

7.4 好看又美观的表格美化

小虾：师父，这表格做得很快，但似乎不太美啊。

张卓：大家还是比较喜欢美美的视觉效果，这个不难。

如图7-20所示，选中表格，在“表格工具|设计”选项卡的“表格样式”组中打开“样式”列表，从中找到自己需要的模板，迅速套用就好了。

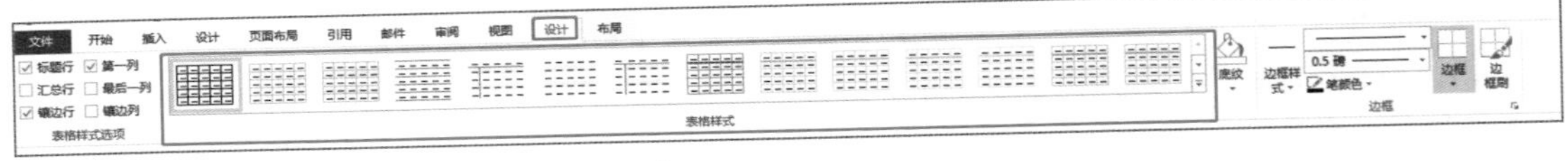

图7-20　表格样式模板

你或许会问，如果遇到行、列宽度不合理的时候要怎么办呢？

我有好几种方法可以解决这个问题。

（1）可以直接把鼠标指针定位在行或者列分隔线上，当指针变为双向箭头形状时，按住鼠标左键直接拖动调整。

（2）在文档上方或文档最左边的标尺上，拖动标尺上的表格行、列分隔标志来调整。

（3）如图7-21所示，在“表格工具|布局”选项卡中单击“自动调整”下拉按钮，在弹出的下拉列表中选择“根据内容自动调整表格”选项，表格就可以进行自动调整了。

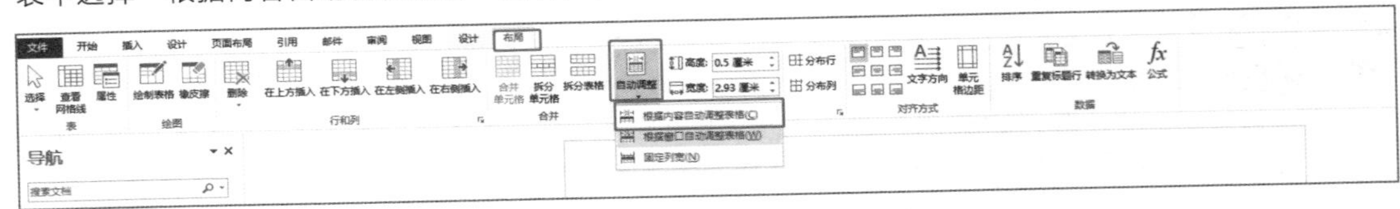

图7-21　选择“根据内容自动调整表格”选项

张卓：好了，收工。

小虾：老师，我有一个问题，这份表格的第2页没有表头，我们是不是要把表头复制一下粘贴过去呢？

张卓：这就是我接下来要讲的问题。

7.5　一键解决表头的跨页重复问题

张卓：复制、粘贴只能解决信息量小的表格，如果这是一个有上百家公司信息、50多页的表格呢？复制、粘贴未免太辛苦了。师父再教你一招，点3下鼠标就能让标题行跨页重复。

如图7-22所示，选中标题行，单击"表格工具|布局"选项卡下"数据"组中的"重复标题行"按钮即可。

完成！是不是非常快？

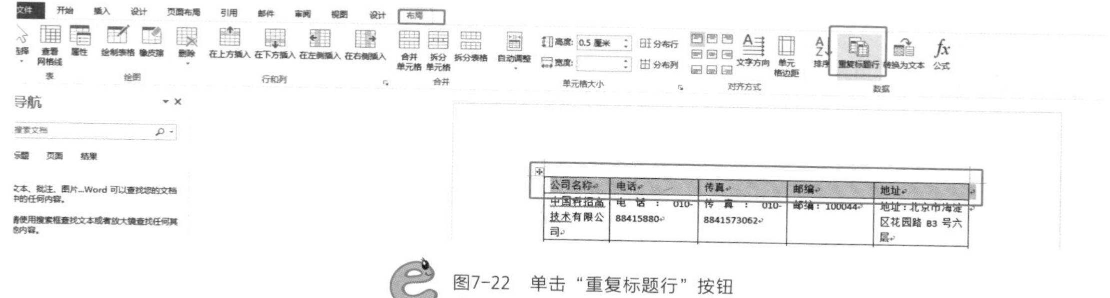

图7-22　单击"重复标题行"按钮

7.6　Word表格也有统计功能

小虾：师父，我知道Excel统计功能很强大，Word也可以吗？

张卓：当然！很多人认为Word表格只是用来填写，并不能够计算，其实它也有统计功能。以图7-23所示表格为例，要求把销售额"小计"计算出来。

编号	说明	单价	总计
1	天马抽屉式收纳箱*1	890	890
2	专用围裙*1	1200	1200
3	激光测距仪*1	300	300
4	卷尺*10	120	1200
5	天马悬挂整理袋*5	230	1150
6	中号收纳抽屉组*1	330	330
7	小号收纳抽屉组*3*1	110	330
8	大号收纳抽屉组*1	590	590
9	儿童收纳柜*1	450	450
10	复古花瓶*1	600	600
		小计	

图7-23　统计“小计”

小虾：Word怎么计算？没见过呀！

张卓：我们都知道Excel擅长的就是数据的统计和分析，真实Word也是有统计功能的，只不过比不上Excel，但千万不要因此视而不见呀，难不成你还要拿起计算器？我们可以这样做。

第一步：把光标定位在“小计”后面需要输入求和金额的单元格内。

第二步：如图7-24所示，单击“表格工具|布局”选项卡下“数据”组中的“公式”按钮，在弹出的“公式”对话框中直接单击“确定”按钮。看，计算好了！

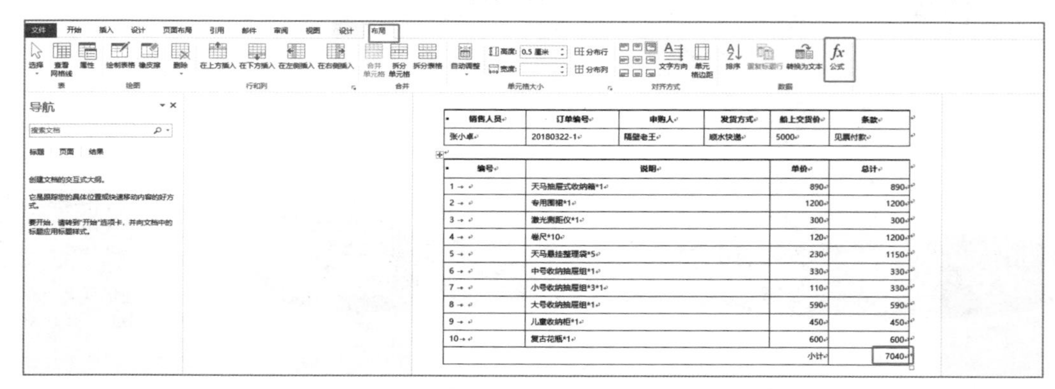

销售人员	订单编号	申购人	发货方式	船上交货价	条款
张小卓	20180322-1	隔壁老王	顺水快递	5000	见票付款

编号	说明	单价	总计
1	天马抽屉式收纳箱*1	890	890
2	专用围裙*1	1200	1200
3	激光测距仪*1	300	300
4	卷尺*10	120	1200
5	天马悬挂整理袋*5	230	1150
6	中号收纳抽屉组*1	330	330
7	小号收纳抽屉组*3*1	110	330
8	大号收纳抽屉组*1	590	590
9	儿童收纳柜*1	450	450
10	复古花瓶*1	600	600
		小计	7040

图7-24　单击“公式”按钮

现在你知道了，Word也是可以计算的。

小虾：我也试一下。真的没有想到Word还有这个功能。

张卓：其实这和Excel有点相似。

如图7-25所示，其中的SUM就是求和。

Word除了求和以外还有其他的功能，在下方选择相关函数即可，如AVERAGE（平均）、COUNT（计数）、INT（取整）等。

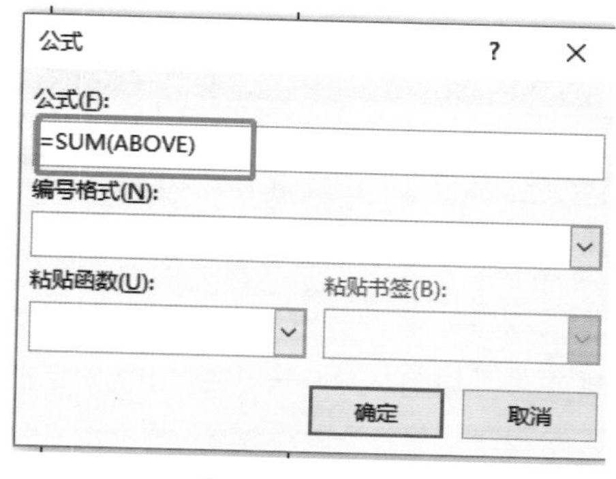

图7-25 SUM函数

小虾：Word可以解决常见的函数计算问题，但是更加复杂的计算还是要用Excel。是不是这样的？

张卓：是的。计算方面还是Excel更为强大，Word制表主要是应用在文本方面，比如解决制作简历的问题。

7.7 制作简历，使用表格出现的问题

张卓：我们讲到长篇文档排版的时候，提出了一个文档创作的要求，是什么呢？

小虾：要提前规划好文档。

张卓：是的，规划很重要。长篇文档的编排需要提前规划，简历也一样需要提前规划，怎么规划呢？如图7-26所示，就像这样画一张草图。

图7-26 简历草图

第一步：根据草图上的样子在Word中先插入一个6列9行的表格，然后根据草图进行合并单元格以及调整列宽等操作。

第二步：如图7-27所示，把结构设置好后，我们开始更改文档的背景色。按Ctrl+A组合键直接选中整页文件后，单击“表格工具|设计”选项卡下“页面背景”组中的“页面颜色”下拉按钮，在弹出的下拉列表中选择“填充效果”选项。

图7-27 单击“页面颜色”下拉按钮

第三步：如图7-28所示，在弹出的对话框中选择“浅红色”底纹，同时调整渐变色。

第四步：把事先准备好的内容填入相应的位置。

第五步：插入自己的照片。如果照片太大，就要进行图片缩放。如果照片位置调整不顺利，也可以把“图片”选项卡中将排列方式由“环绕文字”改为“四周型”，这样就可以进行微调了。

在填表的时候我们发现文字的方向都是“靠上两端对齐”，如果希望文字出现在单元格的中间，可千万不要按Enter+空格键去调整。如图7-29所示，在“对齐方式”组中是可以设置的。

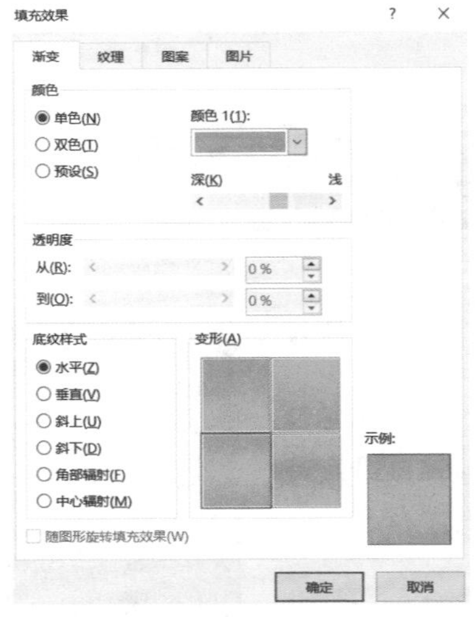

图7-28 颜色调整

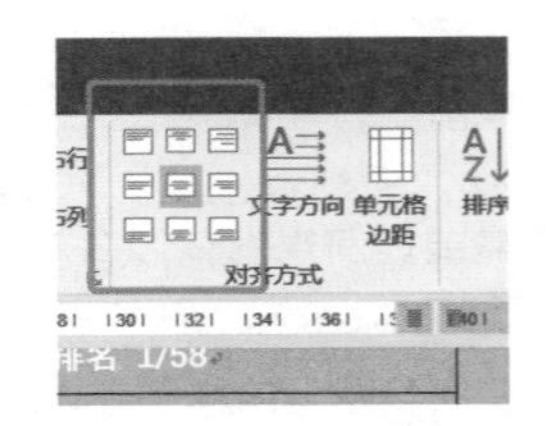

图7-29 “对齐方式”组

第六步：如果想给简历加上底纹，单击“表格工具|设计”选项卡中的“底纹”下拉按钮，在弹出的下拉列表中选择想要的底纹，如图7-30所示。

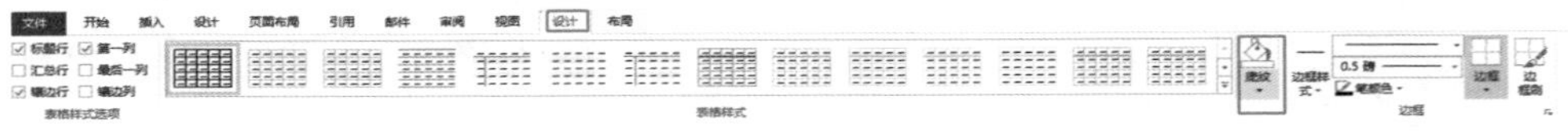

图7-30 添加底纹

如果两个单元格的底纹相同，则按一下F4键就好啦（重复前一次的操作的快捷键是F4）。

张卓：小虾，这份简历我需要把表格的边框线设置成无色，你来试试。

小虾：这可难不倒我，刚刚才学的呢！

如图7-31所示，选中整个表格，单击“开始”选项卡中“段落”组右下角的“边框”下拉按钮，在弹出的下拉列表中选择“无框线”选项，就把边框线取消了。

图7-31 取消边框线

张卓：嗯，做得不错。

小虾：谢谢师父，嘿嘿，假以时日，我就可以成为一代Word大神了！

张卓：如图7-32所示是我们花很短的时间就做好的简历，怎么样，不错吧？

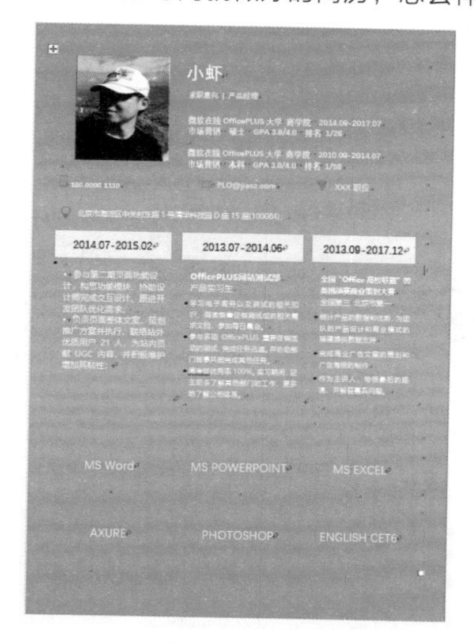

图7-32 简历

表格的制作方法大家都学会了吗？一些小技巧一定要多练习才能运用得更好噢！可以试着做一份自己的简历，在制作的过程中使用今天学到的知识，相信很快你也可以将Word用得炉火纯青。下节课我们将学习“下划线填写：由你掌控不会乱跑”。是不是觉得很简单？其实不然，我们下节课再见！

表格可以帮助我们让文字更加整齐，让杂乱无章的文字通过表格呈现得更加直观，让页面更加工整。

“表格工具|设计”与“表格工具|布局”选项卡可以帮助我们进行表格的美化，同时也能帮助我们进行一些简单的统计工作。大家课后可以探索、发现这两个选项卡中还有什么在课上没有讲到的工具哟！

课后作业

做一份属于自己的简历吧！

第8课　下划线填写：由你掌控不会乱跑

最近有没有遇到什么问题?

张卓

有。昨天老板叫我做一份合同，封面的信息栏一直做不好。好不容易把标题调整到肉眼看不出问题发给了老板，可没过一会儿老板就把我叫到办公室大批了一顿，说我的合同格式不固定，只要填写内容Word格式就像脱缰的野马不听指挥，如图8-1所示。然后他就说我水平差。

小虾

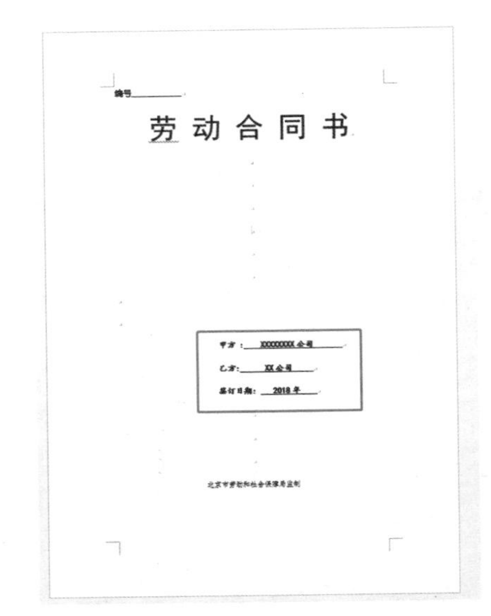

编号

劳动合同书

甲方：XXXXXXXX公司

乙方：XX公司

签订日期：2018年

北京市劳动和社会保障局监制

图8-1　不固定的Word格式

你这个问题很简单啊，让我给你操作一下。

张卓

8.1　文档排版不用愁，Word表格帮助你

张卓：小虾，当年你的毕业论文是怎么排版的？你来展示下。

小虾：先输入标题，然后输入冒号，接着需要填写的部分直接单击“下划线”按钮，再按空格键让标题后面出现填空线，院系、专业、姓名等都是这样，我的合同封面也是这样做的。

张卓：唉，你这种做法太“民间”了。这样做看起来似乎很简单，但是你有没有发现其中存在两个问题，如图8-2所示。

第一，标题部分很难对齐，除非人品大爆发、运气超级好，题目、院系、专业、姓名等标题信息能够正好对齐，而这通常是不太可能的。

第二，填写详细信息的时候，下划线会被从中截断，线条会后移，甚至造成换行，然后需要你重新删除多余下划线，还要选中填入的文字再添加下划线。

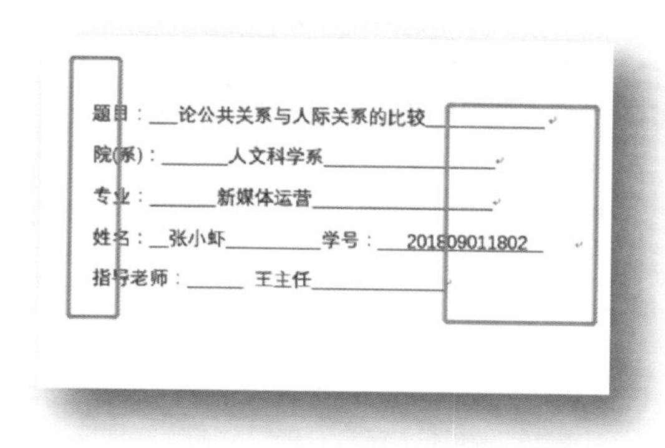

题目：论公共关系与人际关系的比较

院(系)：人文科学系

专业：新媒体运营

姓名：张小虾　学号：201809011802

指导老师：王主任

图8-2　出现的问题

小虾：师父，有什么高级做法？

张卓：我会用Word表格进行文字排版，最后把表格框线的颜色设定为无色或者删除就可以了。具体操作是这样的。

第一步：先在原来输入论文信息的位置插入一个5行4列的表格（具体行列数可以根据实际情况随时增减）。

第二步：在表格的首列，自上而下依次输入“题目：”“院(系)：”“专业：”“姓名：”“指导老师：”；在第4行第3列输入“学号：”。

第三步：如图8-3所示，进行合并单元格的操作。例如，第1行只需“题目”再加上一个用来填写内容的单元格就够了，我们可以把第1行后面的3个单元格合并。具体操作就是选中这3个单元格，右击，在弹出的快捷菜单中选择“合并单元格”命令即可。

题目：			
院(系)：			
专业：			
姓名：		学号：	
指导老师：			

图8-3　做好的表格

如果觉得列宽需要调整，直接用鼠标拖动网格线就好了。

这里还有一个小细节要注意，就是第1列，即填写分类信息的这一列，文字一定要右对齐，这样冒号就统一对齐了，视觉效果也会很好。后面用于填写内容的单元格中的文字都做到左对齐，同样会让人感觉很整洁，不乱。

张卓：你再试试看，这回你的Word该听话了。

小虾：嗯，很好操作了！

张卓：现在在表格里填写文字信息，下划线是不会移动的，也就不会出现排版问题了。这就是Word表格辅助排版的好处。接下来，我们开始整理文档封面。

第四步：如图8-4所示，选中表格，单击“开始”选项卡中“段落”组右侧的最后一个下拉按钮，在弹出的下拉列表中选择“边框和底纹”选项，在打开的“边框和底纹”对话框中设置所选表格哪些线条是需要显示出来的，哪些线条是不需要显示出来的，不需要的就选择“无”边框，这样就完成了。

如图8-5所示，这才是标准、美观的文档封面信息栏的排版效果。

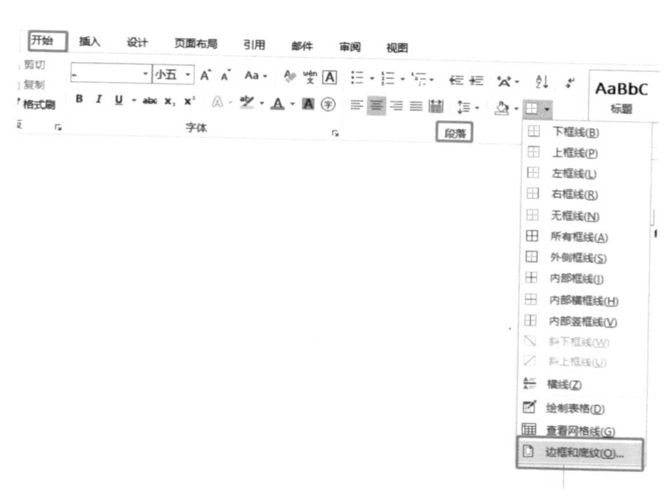

图8-4 边框和底纹

XX 大学毕业论文（设计）

题目：	论公共关系与人际关系的比较		
院(系)：	人文科学系		
专业：	新媒体运营		
姓名：	张卓	学号：	9901234567
指导老师：	赵主任		

图8-5 信息栏排版

小虾：不怎么样。论文只要做好封面的排版就可以了，可是合同还有需要别人填空的格式问题，您并没说怎么解决。

张卓：好问题！这个简单，你只要了解一个设置就可以解决这个问题，那就是窗体。

本节要点回顾

用表格来辅助排版是Word表格最重要的功能。把表格的框线修改为“无”以后，Word依然保留了表格预览的效果，线条是虚的，打印时虚线是不会出现的。

8.2　合同、表单的填空区要这样设置才叫高手——窗体

小虾：师父，什么是窗体？

张卓：窗体就是保证让他人填写表格的时候，只能在该填的地方填写，其他地方都不能改动的Word设置。

前面的论文封面需要我们自己填写，还有一些文档是要交给他人来填写的，如合同。如图8-6所示，这是一份劳动合同。

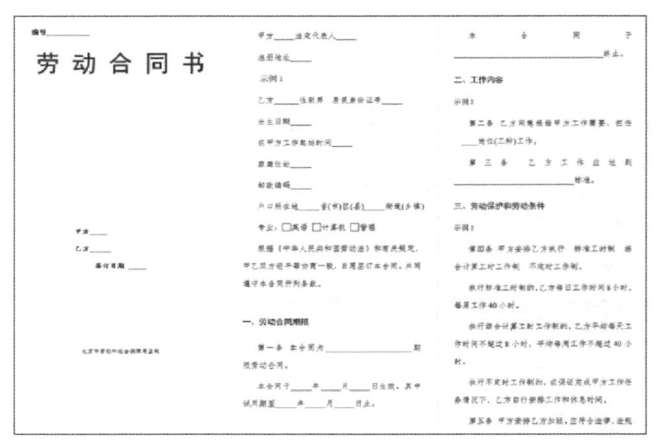

编号____

劳动合同书

甲方____

乙方____

签订日期____

甲方____法定代表人____

注册地址____

示例1

乙方____性别男　居民身份证号____

出生日期____

在甲方工作起始时间____

家庭住址____

邮政编码____

户口所在地____省(市)区(县)____街道(乡镇)

专业：□英语 □计算机 □管理

根据《中华人民共和国劳动法》和有关规定，甲乙双方经平等协商一致，自愿签订本合同，共同遵守本合同所列条款。

一、劳动合同期限

第一条　本合同为____期限劳动合同。

本合同于____年____月____日生效，其中试用期至____年____月____日止。

本合同于____终止。

二、工作内容

示例2

第二条　乙方同意根据甲方工作需要，担任____岗位(工种)工作。

第三条　乙方工作应达到____标准。

三、劳动保护和劳动条件

示例3

第四条　甲方安排乙方执行　标准工时制　综合计算工时工作制　不定时工作制。

执行标准工时制的，乙方每日工作时间8小时，每周工作40小时。

执行综合计算工时工作制的，乙方平均每天工作时间不超过8小时，平均每周工作不超过40小时。

执行不定时工作制的，在保证完成甲方工作任务情况下，乙方自行安排工作和休息时间。

第五条　甲方安排乙方加班，应符合法律、法规

图8-6　劳动合同

这个合同有一个特点，即可以填写“甲方”“乙方”的内容，“签订日期”的内容如果随便填一个，Word就会提醒我们需要输入正确日期，否则不能输入。

甚至还有个“性别”选项，而且还有下拉列表呢，如图8-7所示。有趣吧？

图8-7　“性别”下拉列表

关于下拉列表，平时我们在Excel中见得比较多，但在Word里怎么还能制作下拉列表呢？

这个文档很奇怪，在第1页，如果想把“劳动合同书”这几个字删掉，会发现选都选不中，是不是有一种PDF的感觉？

小虾：对。酷。

张卓：这份文档设置了修改权限，你只能填写我需要你填写的部分。

小虾：原理是什么？

张卓：原理就是我使用了窗体功能。我再说一次，当我们制作一个文档时，要求别人只能填写该填写的地方，就需要用到一个Word功能，即窗体。

小虾：能否再演示一个案例？

我们还是以这个“劳动合同”初始文档为例。此时，我还没有设置任何填写控制的功能，在填写甲方的时候横线会往后跑，还记得在上一个技巧里我们怎么讲的吗？

没错！用表格控制“不听话”的Word！

我们可以把这里做成一个表格，然后将外框线设置成“无”，横线就不会往后跑了。

然后呢？

如图8-8所示，在界面上方有个名为“开发工具”的选项卡。通常这个选项卡是看不见的，你需要先把这个选项卡调用出来。

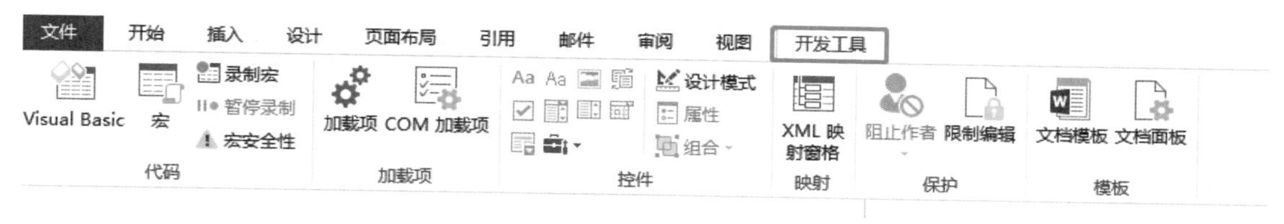

图8-8　“开发工具”选项卡

第一步：选择“文件|选项”命令，在弹出的“Word选项”对话框中选择“自定义功能区”选项卡，如图8-9所示。

第二步：如图8-10所示，在“自定义功能区”下拉列表框中选择“主选项卡”，在其下拉列表框中勾选“开发工具”复选框（默认处于取消勾选状态），此时就会发现在界面上方出现了“开发工具”选项卡。

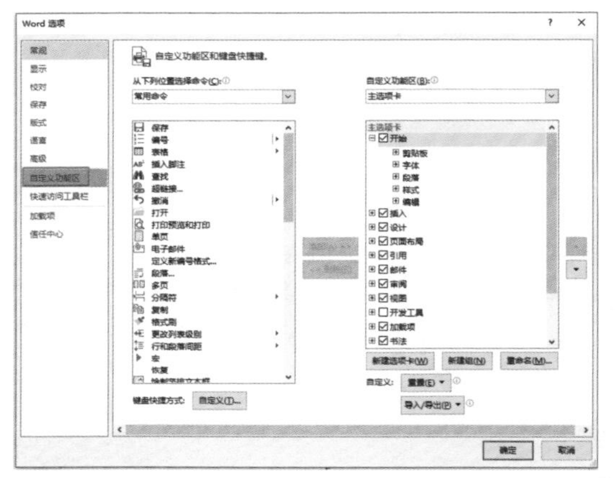

图8-9　“自定义功能区”选项卡

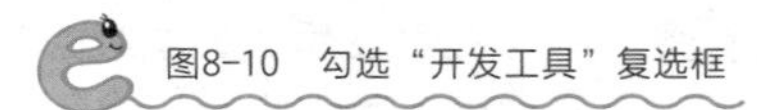
图8-10　勾选“开发工具”复选框

选择“开发工具”选项卡，可以看到其中有一个名为“控件”的组，如图8-11所示。

图8-11　“控件”组

在“控件”组中单击“旧式工具”下拉按钮，在弹出的下拉列表中看到有两种控件，一种是“旧式窗体”，另一种是“ActiveX控件”，如图8-12所示。

在此只讲“旧式窗体”。

先来看一下窗体的种类。

如图8-13所示，第一类是文本域，第二类是复选框，第三类是组合框。

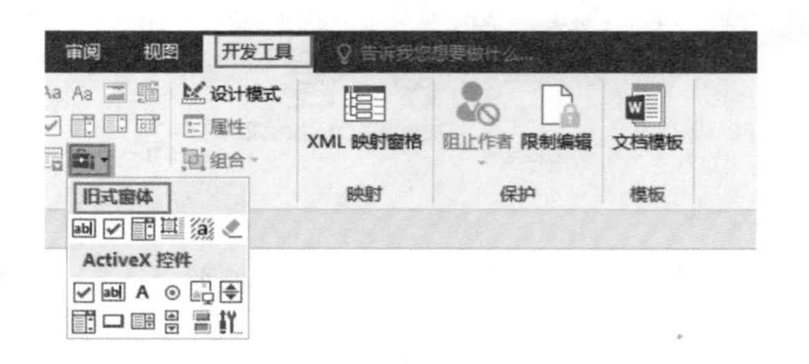

图8-12　“旧式窗体”与“ActiveX控件”

在旧的Word版本里有“下拉型窗体域”，后面还有“显示域底纹”。通常情况下，我们设置好窗体域后，窗体域所在区域会变为灰色背景。灰色背景主要是起到提醒的作用，打印的时候是不会出现的。如果在编辑的时候不想看到，可以单击“显示域底纹”按钮，这样域底纹就取消了。

接下来，我们回到主题，去设定窗体保护。

第一步：把甲方这个区域选中，单击“开发工具”中的“旧式窗体”的第一个“文本域”，因为这里只填文本，所以我们单击“文本域”，如图8-14所示，会出现一个灰色的区域。

图8-13　窗体的种类

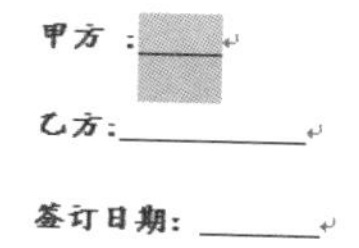

图8-14　文本域

第二步：接下来再做一次，把“乙方”区域选中，也选择“文本域”，然后“签订日期”也选择“文本域”，即设定为日期形式的文本域。

第三步：如果需要对方按照我们的格式来填写，就需要对这些“域”进行设定。怎么操作呢？最简单的方法就是把光标移到文本域的灰色背景上双击，在弹出的“文字型窗体域选项”对话框中可以看到，文字型窗体域的“类型”默认是“常规文字”，如图8-15所示。

如图8-16所示，打开“类型”下拉列表框，可以看到除了“常规文字”以外，还有“数字”“日期”“当前日期”“当前时间”“计算”等，也就是说在这里可以限制用户输入的类型。

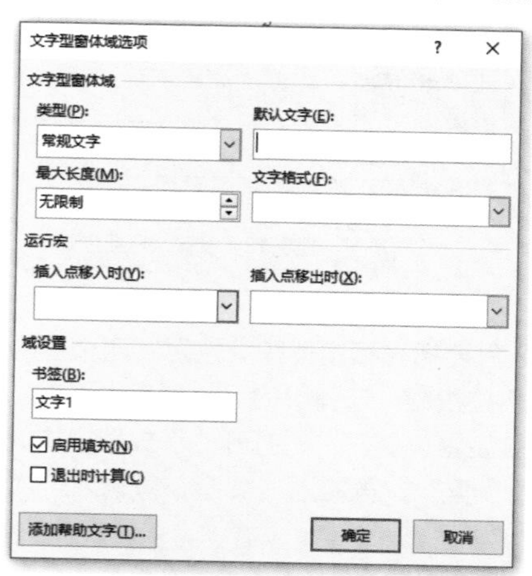

图8-15　“文字型窗体域选项”对话框

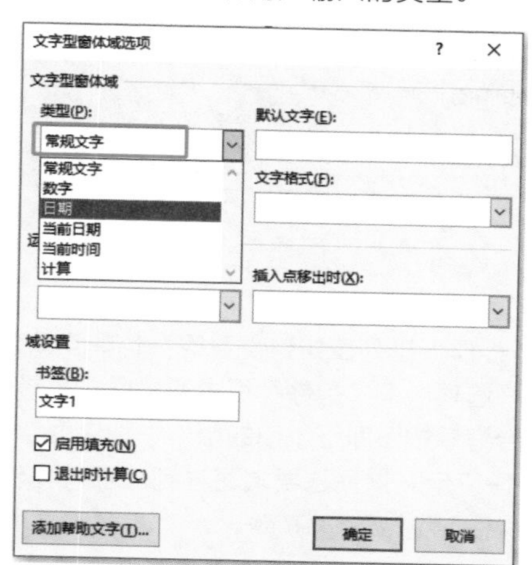

图8-16　“类型”下拉列表框

例如，如果是甲方，我们当然是选择“常规文字”选项。此外，在该对话框中也可以限制文字的长度，但建议最好不要限制，因为有时一些少数民族同胞的名字会比较长。

对于“乙方”，我们同样也不做任何设置。

在设置“签订日期”时，如果希望这个位置显示打开文档的当前日期，则可以选择“当前日期”选项，如图8-17所示。

以后无论什么时候打开这个文档，这个日期都会随着系统日期更新，但通常我还是建议选择“日期”为好。

当选择“日期”或“当前日期”的时候，后面有一个“日期格式”可供选择，如图8-18所示。在该下拉列表框中可以选择使用什么格式的日期，是“年月日”的还是只有“年月”的？注意，如果选择带有“年月日”的格式，在填写的时候也无须填写“年”“月”“日”3个字，只需把日期写好，“年月日”会自动出现。

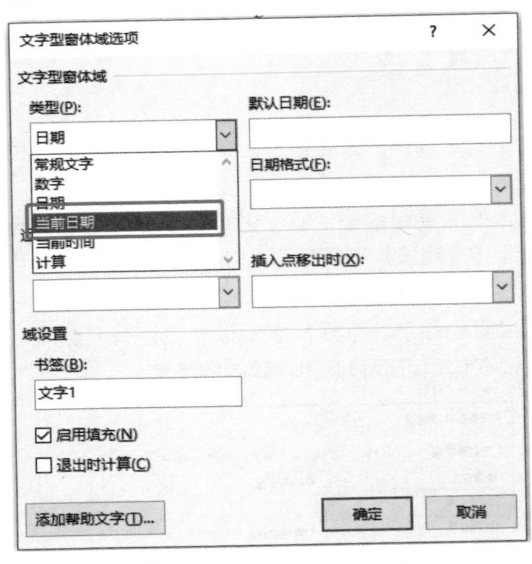

图8-17　选择“当前日期”

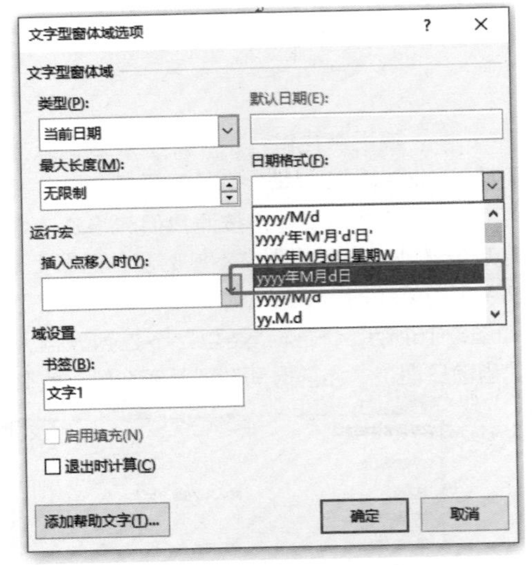

图8-18　设置“日期格式”

第四步：那下拉列表如何设置呢？也非常简单，只要把光标定位在“性别”两个字的后面，单击“开发工具”选项卡下“控件”组中的“旧式工具”下拉按钮，在弹出的下拉列表中单击“旧式窗体”栏中的“组合框”按钮即可（旧的版本中称之为“下拉型窗体域”），打开“下拉型窗体域选项”对话框，如图8-19所示。这里是要填写性别，那就先输入“男”，再输入“女”，每输入一次就单击“添加”按钮。这样下拉域就做好了。

第五步：“旧式窗体”栏中的第 2 个按钮是“复选框”按钮。把光标定位在需要添加复选框的位置，然后重复上面的操作（重复前一次操作的快捷键是F4）。

至此，就完成设置了。

小虾：设置完成后的窗体如图8-20所示，为什么下拉列表没有出现，复选框就无法进行选择呢?

下拉型窗体域选项

下拉项(D):　女

添加(A) >>

删除(R)

下拉列表中的项目(I):　男

移动

运行宏

插入点移入时(Y):　插入点移出时(X):

域设置

书签(B):　下拉1

☑ 启用下拉列表(N)

☐ 退出时计算(C)

添加帮助文字(T)…　确定　取消

图8-19　“下拉型窗体域选项”对话框

乙方_____性别男 居民身份证号______________

出生日期______________

在甲方工作起始时间：______________________

家庭住址____________________________________

邮政编码__________

户口所在地_____省(市)_____区(县)_____街道(乡镇)

根据《中华人民共和国劳动法》和有关规定，甲乙双方经平等协商一致，自愿签订本合同，共同遵守本合同所列条款。

数学☐　计算机☐　金融☐

图8-20　下拉列表与复选框

张卓：那是因为“窗体域”完成设置后，还需要做一件事情，才能够验证我们的窗体是否完成。

第一步：如图8-21所示，选择“开发工具”选项卡。

文件　开始　插入　设计　页面布局　引用　邮件　审阅　视图　开发工具

Visual Basic　宏　录制宏　暂停录制　宏安全性　代码

加载项　COM 加载项　加载项

设计模式　属性　组合　控件

XML 映射窗格　映射

阻止作者　限制编辑　保护

文档模板　文档面板　模板

图8-21　“开发工具”选项卡

第二步：在“保护”组中单击“限制编辑”按钮（或者在“审阅”选项卡中单击“保护”组中的“限制编辑”按钮），打开“限制编辑”窗体。在“编辑限制”栏中勾选“仅允许在文档中进行此类型的编辑”复选框，在下面的下拉列表框中选择“填写窗体”选项，如图8-22所示。

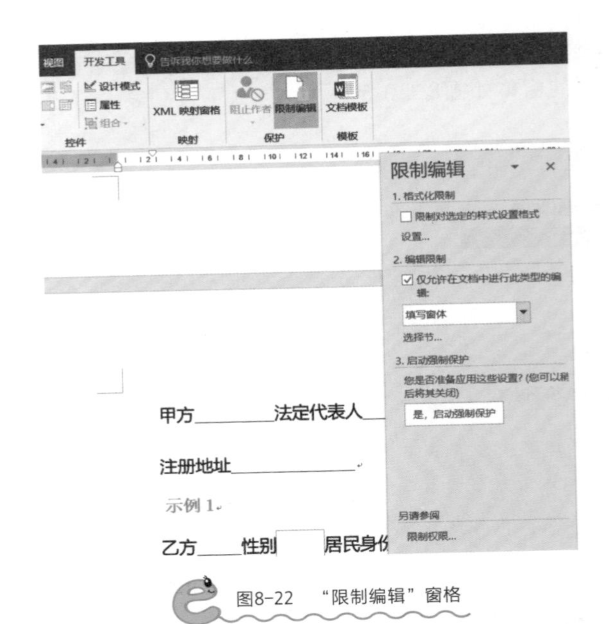

图8-22 “限制编辑”窗格

第三步：单击“是，启动强制保护”按钮，然后输入密码。

此时可以测试一下，在“甲方”这个位置，我们是可以填写任何文字的，并且在填写文字的同时下划线不会往后“跑”。在输入日期的时候，我们只需输入某一个日期，比如3月28日，然后切换到下一个需要填写的位置上的时候（要切换到下一个填写区域，可以按Tab键），往上看你会发现，“年”“月”“日”自动出现了。这时下拉列表、复选框也都出现了。

小虾：我想问一下，合同一般是要打印的，这样设置窗体后，窗体后面灰色的域底纹我该如何删除呢？打印出来会不会有影响？

张卓：我告诉你呀，在打印预览的时候是会出现的，如果你不希望看到域底纹，非常简单，看我的。

如图8-23所示，在“开发工具”选项卡下单击“控件”组中的“旧式工具”下拉按钮，在弹出的下拉列表中单击“旧式窗体”栏中的“显示域底纹”按钮，域底纹就消失啦。

图8-23 单击“显示域底纹”按钮

文档在进行“窗体保护”后，编辑是被禁止的。除了填写窗体以外，其他的区域都是禁止复制、禁止触碰的。因此，在这种情况下，用户只能够填写我们设置了窗体域的区域，其他的区域做不了任何的操作。

张卓：现在，你学会了这招，再也不用怕交到老板手上的合同“不听话”。

小虾：对了，师父，您刚刚说文档还能限制编辑输入密码？

张卓：嗯，这就是本节课要介绍的终极大招——你的文档，只有你才能修改。

本节要点回顾

本节主要介绍窗体功能及应用。“开发工具”选项卡在不同版本中的位置不同，如果是Office 2017版本，则只单击左上角的Office按钮，在弹出的下拉菜单中选择“Word选项”命令，在弹出的对话框中第3个复选框就是“在功能区显示开发工具选项卡”。

8.3 保护文档，尽量让用户填写窗体

张卓：刚才的设置，我跟大家讲到了窗体的应用。大家也注意到了，如果需要窗体有效，就必须对文档进行保护。接下来就讲一下文档的保护是怎么一回事。

我们把刚才为了测试“旧式窗体”是否成功而设置的“强制保护”先取消。

只要单击“开发工具”选项卡下“保护”组中的“限制编辑”按钮，在弹出的“限制编辑”窗格的最下方单击“停止保护”按钮就可以了。

在此再复习一下，在一篇文档中，如果我们设定了“窗体”，同时需要用户只能在窗体区域进行输入，我们就需要对文档进行“编辑限制”。

第一步：在“开发工具”选项卡的“保护”组中单击“限制编辑”按钮，也可以在“审阅”选项卡中单击“保护”组中的“限制编辑”按钮，如图8-24所示。

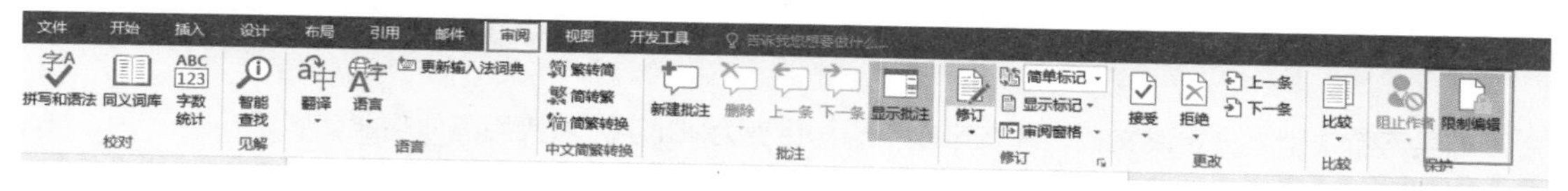

图8-24 “审阅”选项卡中的“限制编辑”按钮

第二步：在弹出的“限制编辑”窗格中保持“格式设置限制”栏的默认设置（在下一课关于模板的设定中将详细讲解）。

在“编辑限制”栏中勾选“仅允许在文档中进行此类型的编辑”复选框，在下方的下拉列表框中选择“填写窗体”。

第三步：单击“是，启动强制保护”按钮，在弹出的“启动强制保护”对话框中设置密码，如图8-25所示。

小虾：要是我把密码忘记了怎么办？

张卓：密码忘记了怎么办？最好的方法就是用你的“取款密码”作为文档保护密码，这样你就不会忘记了！

文档被加密保护后，如果有人看到这个文档，他知道你使用了窗体功能，有可能会单击“限制编辑”按钮，在弹出的“限制编辑”窗格中单击“停止保护”按钮，这时Word就会弹出对话框要求输入密码，如图8-26所示。现在你的文档就没有人可以更改了。

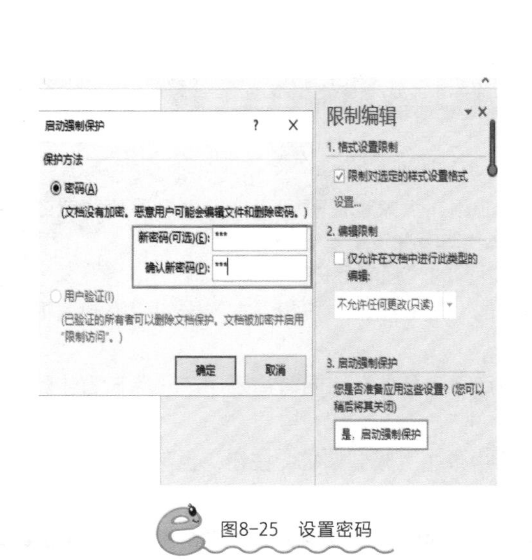

图8-25　设置密码

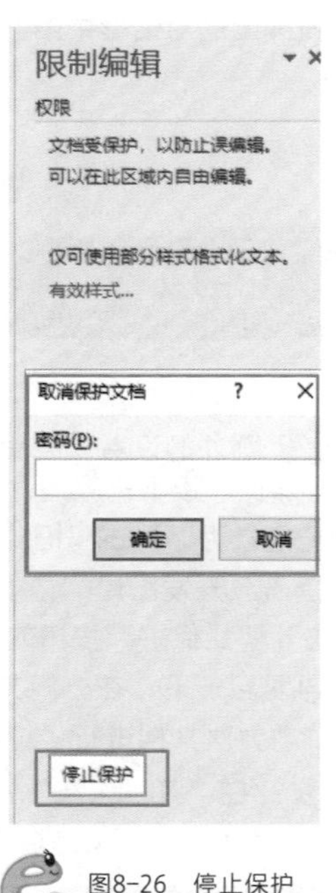

图8-26　停止保护

如果不希望别人去更改文档，现在可以不用再另存为PDF了，直接用窗体功能就好了！

利用窗体功能是保护劳动成果的好方法。除了限制编辑外，还有一种方法同样可以保护你的文档。

张卓：以之前制作的标书文档为例，如果标书文档做好后，我们希望把它转送给他人，并且不希

望别人进行任何的修改，该如何做呢？

小虾：问我吗？

张卓：不然呢？

小虾：我过去的方法是在“文件”菜单中选择“另存为”命令，在弹出的“另存为”对话框中把这个文档转化成PDF格式。

张卓：这是Office 2010以上版本新增的功能，过去是没有办法转成PDF的。众所周知，存成PDF的好处是对方是可以看不能改，但是现在有无数的软件可以帮助我们把PDF又转为Word。现在我告诉大家一种很好的方法，让你的Word格式的文档只能看而不能修改和复制，这种方法就是前面所讲的对文档进行“限制编辑”。

单击“审阅”选项卡下“保护”组中的“限制编辑”按钮，在弹出的“限制编辑”窗格中勾选“编辑限制”栏中的“仅允许在文档中进行此类型的编辑”复选框，在下方的下拉列表框中选择“填写窗体”选项，如图8-27所示。注意，这时千万不要选择“不允许任何更改(只读)”选项，因为只读状态下文字是可以选中并且被复制的。

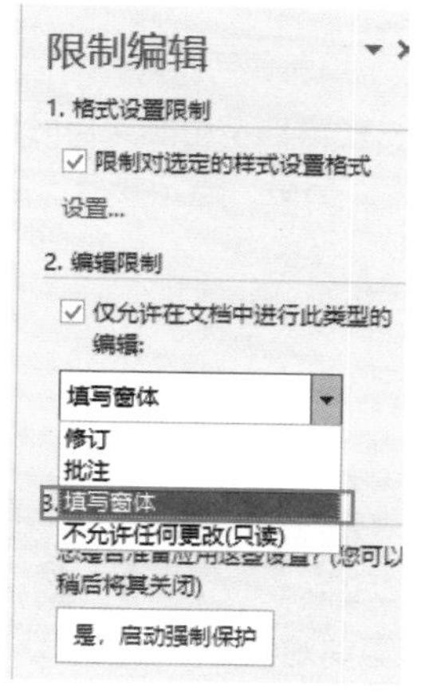

图8-27　限制编辑

小虾：如果我的文档中没有窗体，也可以选择它吗？

张卓：没错，在文档中没有窗体的时候选择“填写窗体”选项，就意味着文档中的所有文字都是不允许“触碰”的。

选择“填写窗体”后，再输入保护的密码，这时你会发现文档中的每一个字都是不允许被修改的，如图8-28所示。界面上方的功能区中，所有的编辑功能全部呈现为灰色，这意味着我们的文档已经处于一种强保护状态了。

小虾：假如我一定要把这里面的文字内容拿走怎么办？

张卓：当然，这一招“防君子不防小人”。如果你实在想要把文字拿走的话，你还有N多办法。比如，拿起你的手机拍张照片，或者抄下来，甚至可以把你的计算机屏幕扣在复印机上直接复印下来，这些都是很好的方法。

小虾：那我没问题了。

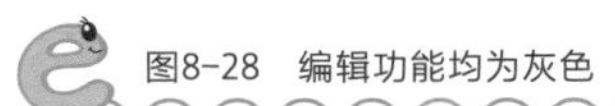

图8-28　编辑功能均为灰色

课后悄悄话

有了“限制编辑”和“窗体”，就再也不用把文档另存为PDF了。仅用这一招足够傲娇，瞬间灭掉那些对你的文字有想法的人。但是，一定要自己尝试操作一下，这样才能更准确、更灵活地运用。

课后小结

Word表格可用于排版，让版面更美观。

在“开发工具”选项卡中可以进行窗体的设置，让别人按照你的要求来进行文档的填写。窗体设置完成后，千万别忘记打开“限制编辑”哦！

课后作业

1. 下载课堂资料“劳动合同”或自己的毕业论文的封面再次改进，用表格来做吧！
2. 将“劳动合同”进行窗体的修正并进行限制编辑，发给朋友试试看这个“新功能”吧！

第9课　让办公不再忙乱：团队统一文档模板

小虾

师父，我太苦了！

张卓

你又怎么了？

小虾

我一个坐办公室的，天天处理公司各个部门的文档。十几个部门，每个文档版式都不一样，我总要花大量时间不断去弄新的版式。这种重复的工作简直是浪费生命啊，我苦啊。

张卓

你这就叫苦啊，弄个统一模板就好了。

小虾

9.1　一键式排版功能——本机模板/搜索模板

张卓：提到模板，大家很自然会想到PPT模板。也有不少学员会问我，“张老师，你有没有PPT模板，能不能给我一套？”好像模板是PPT独有的功能一样。其实Word也有模板，而且Word模板的功能也很强大。

小虾：那Word模板一般有什么类型？在日常工作中怎么使用呢？

张卓：首先……

马小（马小是笔者从前的学生）：师父，救命啊！今天一到公司，上级领导就叫我做下周的“10周年庆”活动传单。我又没学过设计，这怎么做得出来啊？师父，有没有什么好办法？快教教我！

小虾：哎呀，我正问到一半呢！不过你这个问题挺棘手，没学过平面设计怎么设计出DM？

张卓：你看马小碰到的问题就很适合用Word模板解决，也适合你办公使用，而且还是Word自带的模板。

小虾：还有这样的操作？

张卓：不会Photoshop就不能做宣传单了吗？非也！可以用Word模板应对特别紧急的任务。具体操作步骤如下。

（1）单击“文件”菜单项。

（2）在弹出的下拉菜单中选择“新建”命令。

（3）如图9-1所示，在“新建”界面中有很多模板。比如说，你想做传单，只需在搜索栏里输入“传单”两个字。

图9-1　传单模板

（4）单击“搜索”按钮，Word就会到微软Office Online上去搜索，列出所有的传单模板。在众多精美的传单模板中，只需选择你想要的那个模板就可以了。如图9-2所示，选择这个模板，单击“创建”按钮。

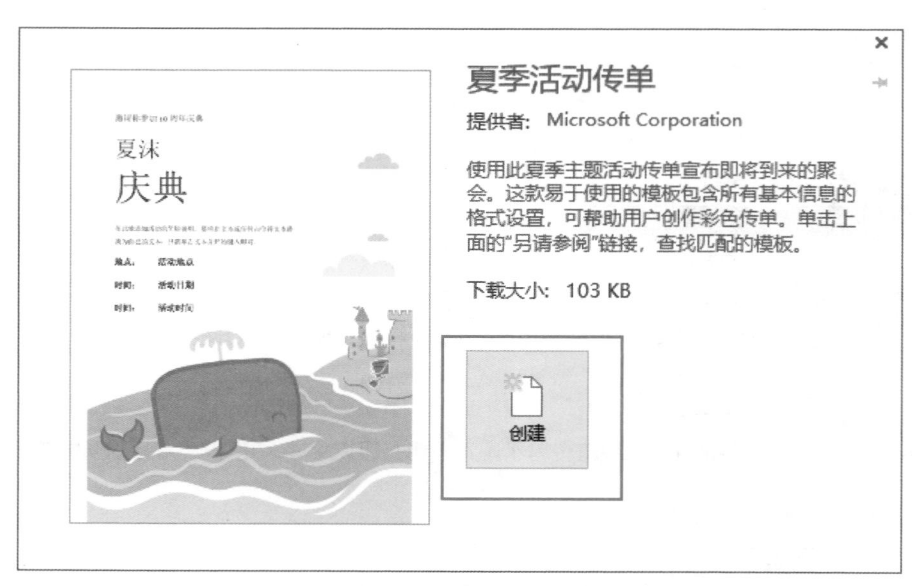

图9-2　创建模板

如图9-3所示，Word马上就把模板做出来了。

图9-3　创建好的模板

我们只需在相应的位置填上“10周年庆”等核心文字即可。这招怎么样，是不是很快？

小虾：快是快，但相对于PS来说，精美程度可能就逊色多了，毕竟PS还可以换图片。

张卓：Word模板早就为你考虑到这个问题啦。

在找到所需模板的时候，是可以将模板中的图片进行替换的。

如图9-4所示，只要直接选中模板中的图片，然后单击“插入”选项卡下“插图”组中的“图片”按钮，就可以把图片替换成需要的图片了，而且这个图片空间会自适应原图片的大小。

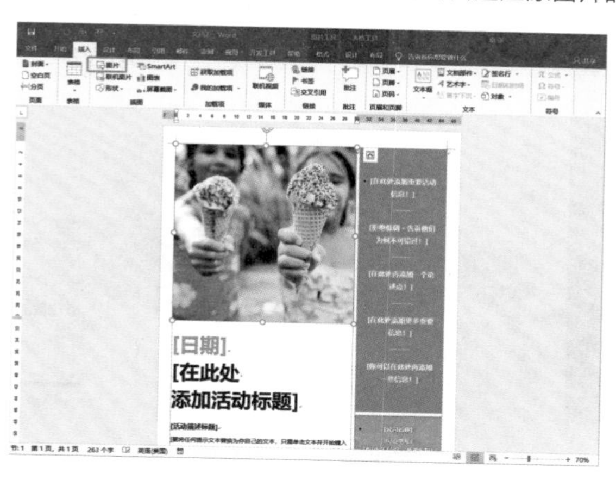

图9-4　替换图片

另外，在下方的“在此处添加活动标题”区域，我们可以把这些文字替换成你想要的文字。Word已经把所有的空间都为我们准备好了，我们只需填写文字就够了。

小虾：如果我还需要其他内容的模板，是否也可以同样搜索呢？

张卓：这个是毋庸置疑的。

例如，单击“文件”菜单项，在弹出的下拉菜单中选择“新建”命令，在右侧界面的搜索栏中输入“海报”，就会出现很多的“海报”模板，随时调用就好了，如图9-5所示。

图9-5　精美的海报模板

又如，想用Word来制作日历，只要搜索“日历”，就会发现出现许多日历模板（如图9-6所示），这些日历模板可以帮助我们创建精美的日历。我们还可以把日历中的图片进行替换，从而变成自定义的日历。

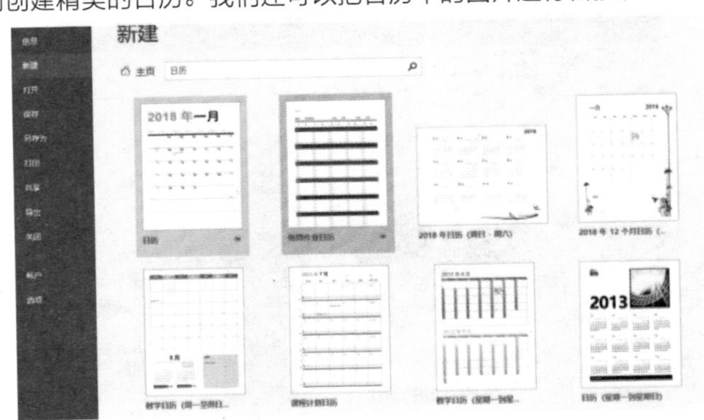

图9-6　日历模板

小虾：这样确实方便很多，但是我们公司各个部门的文档都有自己的样式，我能否把某个文档的样式设置为模板保存下来，作为整个公司的统一模板呢？

张卓：这个一点不难。

9.2　创建公司统一的文档模板

小虾：那公司的模板如何来设定呢？

张卓：这很简单，举个例子吧。

比如，制作标书或者合同的时候，希望每次新建的Word文档都是已经设定好页眉的，这样就省去每次都要重新设置页眉的工作了。

单击“插入”选项卡下“页眉和页脚”组中的“页眉”下拉按钮，在弹出的下拉列表中选择“编辑页眉”选项；然后输入文字“张卓的Word课程”；接着单击“插入”选项卡下“插图”组中的“图片”按钮，在弹出的“插入图片”对话框中选择一张图片，单击“插入”按钮，将其插入页眉中，并且做一些调整。

如图9-7所示，这样就好了。

图9-7　设置的一个页眉模板

小虾：但是我希望将来编排文档的其他人在使用的时候不能随意去选择字体和字号，必须都按照我的要求来填写，那该如何操作呢？

张卓：这个简单，可以先通过“**样式**”功能把文档中所需要的样式全部都事先设定好。

第一步：选择“开始”选项卡。

第二步：如图9-8所示，在“样式”组的样式库里选中“标题1”，右击。

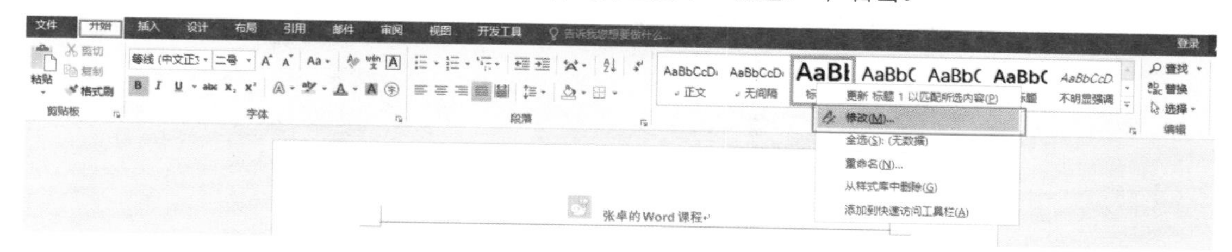

图9-8　样式设定

第三步：在弹出的快捷菜单中选择“修改”命令，然后对样式进行修改。

张卓：将需要的样式设定完毕。

小虾：师父，这是种好方法，可以省去很多重复的操作，那这个样式的保存和文档的保存是相同的吗？

张卓：略微有些区别，下面给你详细道来。

9.3 保存公司统一的模板文档

张卓：模板文档长期保存，以后就便于统一使用了。保存的详细步骤如下。

第一步：单击“文件”菜单项，在弹出的下拉菜单中选择“另存为”命令。

第二步：在弹出的“另存为”对话框中选择文档要存放的位置，然后打开“保存类型”下拉列表框。

第三步：如图9-9所示，在“保存类型”下拉列表框中选择“Word模板（*.dotx）”选项。

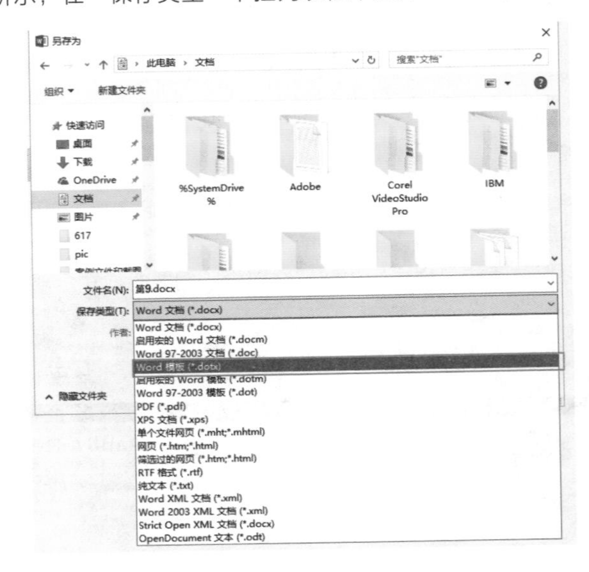

图9-9 “保存类型”设置为“Word模板（*.docx）”

此时你会发现“保存位置”会自动变更为“自定义模板”文件夹。

建议大家不要随意更改文件夹，就让你的模板保存在这个文件夹下，并且给这个模板重命名，比如“公司专属模板”等。

第四步：单击“保存”按钮，文档就被保存成模板了。

张卓：怎么样，是不是解决你的困惑了？

小虾：解决不少了，但我还有困惑，我以后如何调用这个模板呢？

张卓：这个也不是难事。

9.4　使用公司统一的模板文档

张卓：保存文档模板以后，下次再使用的时候要怎么找到它呢？

第一步：单击“文件”菜单项。

第二步：在弹出的下拉菜单中选择“新建”命令，在右侧界面中可以看到中间部分有两个选项卡，除了一个“特别推荐”以外，在旁边还有一个“个人”，如图9-10所示。

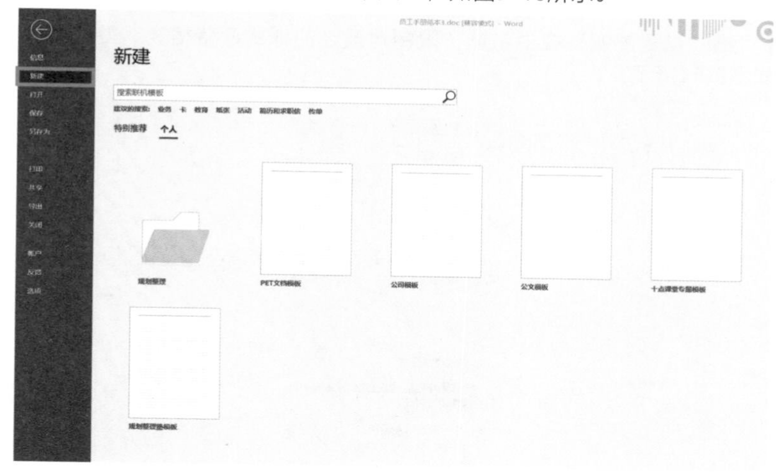

图9-10　打开个人模板

第三步：选择“个人”选项卡，在显示的模板列表中单击“公司专属模板”图标，这时之前保存的已设定好的模板就出现了。

张卓：看明白了吗？如果你有不同的项目，需要使用不同的模板，可以将自己的Word文档保存成不同的模板，这时在“新建”界面的“个人”选项卡下会出现多个模板。

9.5 文档保护——限制编辑：用了我的模板，就得听我的！

小虾：师父，如果这种模板共享到全公司，是否能让每个人固定使用同一种格式呢？以后不允许任何人更改我的模板可以吗？这样既可以统一公司形象，又可以减少我的重复工作量。

张卓：你说得一点儿没错！很多公司文档太不注重形象了，10个部门，10种格式。下面我教你进行窗体的设置，做到这点，文档就只听你的了！

小虾：就是合同保护的窗体设置？

张卓：是的。窗体不仅可以对文档进行保护，还能进行“格式限制”。你只需进行如下操作。

第一步：单击“审阅”选项卡下“保护”中的“限制编辑”按钮，打开“限制编辑”窗体。上节课讲的限制编辑是为了填写窗体，大家还记得吗？

第二步：在“格式设置限制”栏中勾选“限制对选定的样式设置格式”复选框，然后单击下方的“设置”按钮，如图9-11所示。

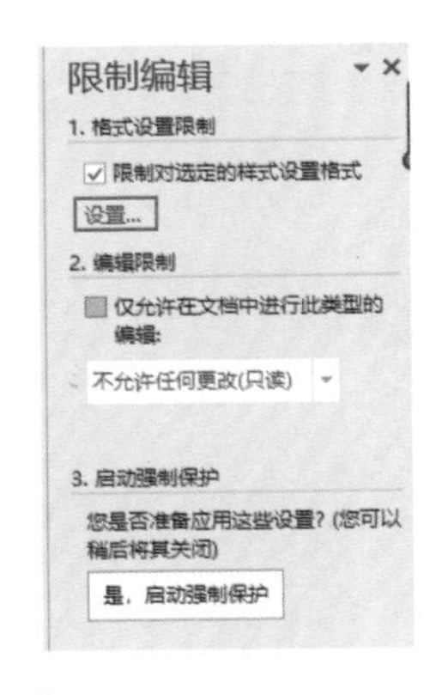

图9-11 “限制编辑”窗格

如图9-12所示，弹出“格式设置限制”对话框。这些样式大家都还熟悉吗？前面介绍“长文档排版”的时候曾专门讲过样式，那这是什么意思呢？在这里我们可以选择将来使用模板的人被允许用哪些样式进行编辑，这样就保证了文档的样式是统一的。

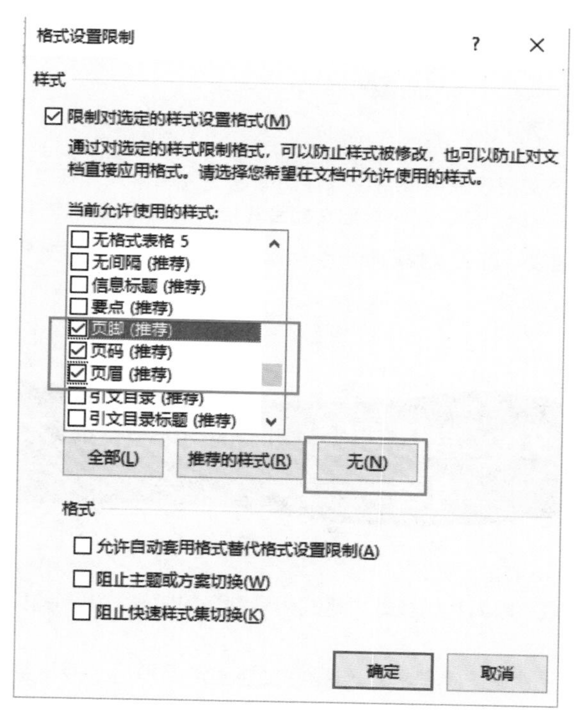

图9-12　样式设置

第三步：这时先单击“无”按钮，然后重新选择。因为刚才设定过标题1和标题2的样式，那么在这里选择“标题1”和“标题2”样式。如果文档中有页眉和页脚，也可以勾选“页眉”和“页脚”复选框。此外，还可以选择“正文”样式等。

第四步：单击“确定”按钮。

第五步：单击“是，启动强制保护”按钮，然后输入密码。如果这时不单击“是，启动强制保护”按钮，那我们刚才的设置是没有任何意义的。

第六步：单击“确定”按钮。

至此，文档就完成了格式的限制。当再次选择“开始”选项卡的时候，在“样式”组中可供选择的就只有3个样式，那就是“正文”“标题1”和“标题2”，如图9-13所示。如果样式列表展开，也只能看到我们刚才选择的几个样式，即“正文”“标题1”“标题2”“页脚”和“页眉”。

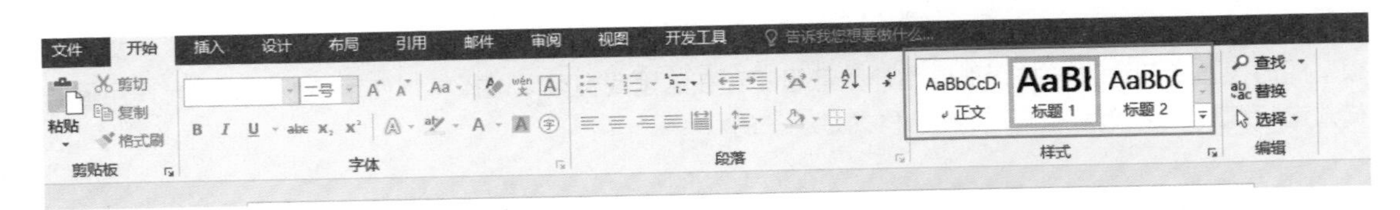

图9-13 可选样式

张卓：这时，把这个文档模板再发给小伙伴的时候，大家就只能在这5个样式中进行选择。这样既可以保证我们文档的格式是统一的，将来再把文档合并在一起进行编排的时候也能更省时、省力！

小虾：简直妙不可言哦。师父，我还有一个问题，这样的文档还能进行内容编辑吗？

9.6 常见问题：限制的是格式不是内容

张卓：当然可以编辑！因为我们在做“格式化限制”的时候，限制的只是文档的“格式”，而并未限制文档的“内容”。

例如，刚才我勾选了“页眉”复选框，当我将文档强制保护后，并不是说页眉就不能更改了；相反，页眉是可以更改的，如替换页眉中的文字，因为保护的只是“格式”，与“内容”无关。

如图9-14所示，限定页眉后，我们可以看到，页眉在字体上的所有格式都是不可以选择的，但页眉内容是可以更改的，因为页眉的格式已经被我们限定住了。

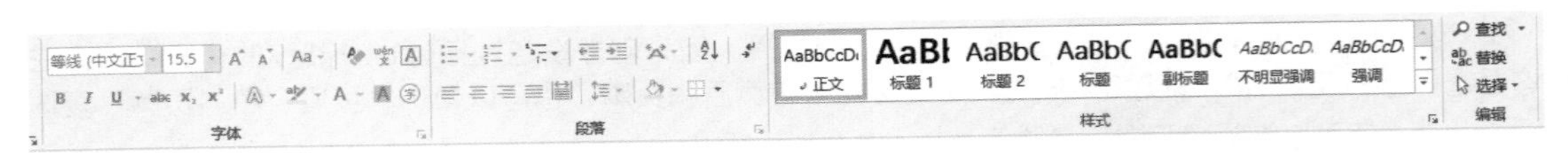

图9-14 限制格式编辑

在进行“格式设置限制”后，并不意味着文档的内容不能修改，只是文档编辑的格式被限定了。例如，要更换页眉、页脚的内容是完全没有问题的，但是格式都是固定的。

又如，编辑正文的时候，只能使用默认的正文样式。要更改正文格式的时候，你会发现，当切换到“开始”选项卡后，所有的字体按钮和段落按钮都是虚的，无法进行选择，因为格式已被限定住了！

这就是限定格式。

小虾：哇，师父就是不同凡响。模板的创建可以解决我很多问题，帮我节省很多排版时间，但是，师父，为什么复选框是画叉？我希望是打钩，要怎么做？请告诉我！

张卓：在上一节课，用“限制编辑”的方式对文档进行保护的方法已经跟大家分享了，大家有没有尝试呢？

尝试之后可能会产生一个疑问。还记得刚才那个复选框吗？用鼠标单击复选框的时候，框内出现了打叉的标记，而我们中国人的习惯通常是打钩，这又是为什么呢？这里我要跟大家说明一下，因为Word是由美国人设计的，在西方国家习惯于在复选框内画叉，而不是像我们东方人画钩！

当然，这里有一个很重要的文化差异。在中国，习惯上用画钩代表正确的选择，这里有对错的含义，而西方人画的叉并没有对错的含义，而是告诉大家我选中了这个复选框，并且画叉能够保证不被修改。如果我们在框里画一个钩，有可能他人会把钩延长变成叉。因此，西方人通常喜欢用画叉的方式来表达选中。

如果一定要选择打钩的方式，应该如何操作呢？没关系，依然是可以操作的。我们这样做。首先把刚才劳动合同的文档打开，并且停止保护，还记得密码吗？

接下来，以“数学”“计算机”“金融”这3个复选项为例，对打钩进行设置。

在“开发工具”选项卡的“控件”组中单击“旧式工具”下拉按钮，在弹出的下拉列表中单击“ActiveX控件”栏中的“复选框”按钮，出现一个名为CheckBox1的复选框，如图9-15所示。

图9-15 CheckBox1

进行设置非常简单，有两种方法。

方法一：

第一步：直接选中CheckBox1，在“开发工具”选项卡的“控件”组中单击“属性”按钮，如图9-16所示。

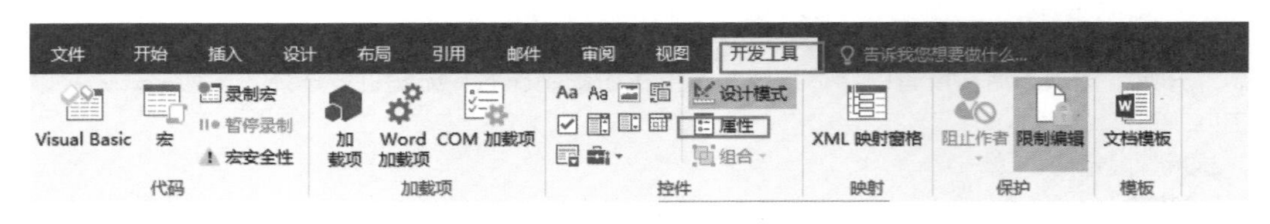

图9-16　单击“属性”按钮

第二步：如图9-17所示，在弹出的“属性”窗格中选中Caption选项，更改其值，如将CheckBox1改为“数学”。

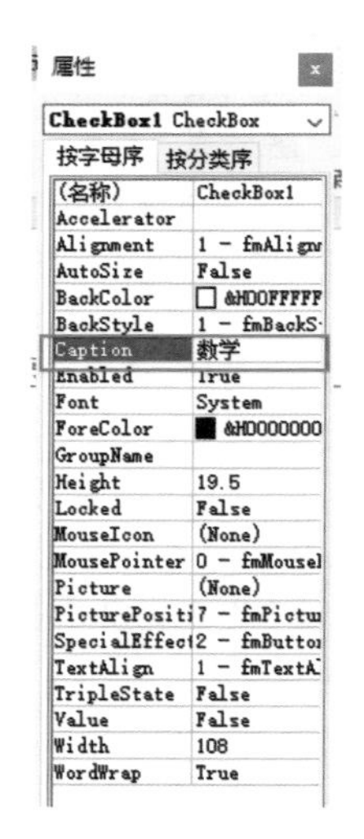

图9-17　修改标题

第三步：关闭“属性”窗格，出现如图9-18所示复选框。调整其大小，完成制作。

图9-18　“数学”复选框

如果你想做下一个，方法也是一样的。

方法二：

直接右击CheckBook2，在弹出的快捷菜单中选择“属性”命令，修改完标题后关闭“属性”窗格。

不过，上述状态下的复选框依然是没有办法选中的。这时无须像窗体那样进行保护，只需在“开发工具”选项卡的“控件”组中单击“设计模式”按钮（注意，此时的“设计模式”按钮是处于选中状态，再次单击则取消选中状态），“数学”“计算机”“金融”复选框就可以用打钩来选中啦，如图9-19所示。

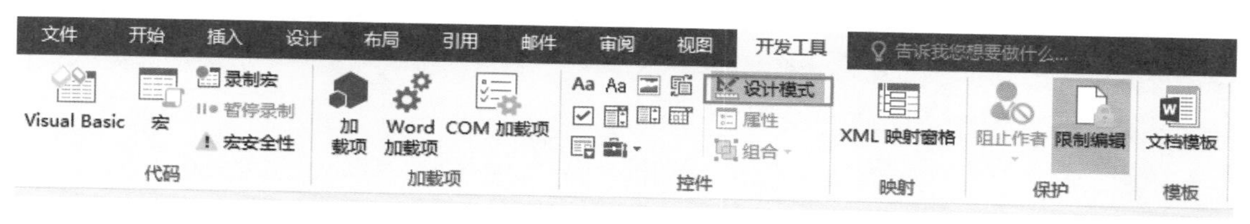

图9-19 单击“设计模式”按钮

那么有人可能会问了，如果你再去保护文档的时候，这3个复选框依然还是能够进行操作的吗？

其实在进行限制编辑之后，文档的状态就像我们前面所说的，所有的文字都是没有办法选中的，但是复选框依然是可以选中的，也就是说复选框是不会受到窗体限制的，在文档保护以后依然可以填写。

课后悄悄话

大家一定要在每节课阅读完之后进行操作练习哦！只有这样才能发现问题，同时也能学会每个小妙招。这节课教会了大家Word模板的使用，下次再做传单就试试Word的模板功能吧！能否做得又快又好呢？下节课我们学习如何快速、漂亮地搞定年终总结中的各种关系图。

课后小结

新建文档时，可以通过模板的搜索来套用Word提供的模板。而自己公司的模板也可以进行保存、套用，同时可以制定公司文档的统一格式，让大家的文档保持样式一致，也方便复制操作。

复选框是打叉还是打钩由自己来定，想怎么打就怎么打。

课后作业

1. 用Word制作一张海报。
2. 试着设计一个属于自己的Word模板吧！

第10课　又快又美地搞定总结报告中的各种关系图

今天怎么徒弟们都不积极了？平时一个个叽叽喳喳的。你们俩干啥呢？不好好上课，如此下去，Word技法怎么能长进呢？

张卓

我们遇到工作难题了。

小虾

说来听听。

张卓

写工作总结报告啊，月度有月度总结、季度有季度总结、年终有年终总结，还不能简单总结，需要图文并茂。

小虾

张卓

那不是很正常吗？

小虾

图文并茂，报告里那些关系图表、流程图、组织架构图一个一个画起来好麻烦的，要从PPT里弄过来。

张卓

想要又快又好又美地制作总结报告中的各种图形，我推荐你使用Word中的SmartArt功能。

小虾

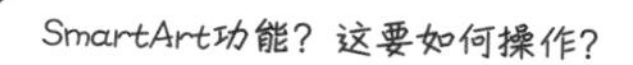

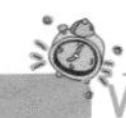

张卓

我们以简单的招聘流程图为例，如果公司招聘流程只是用文字进行描述，那未免也太单调了。为了增强可视化效果，让人看一眼就能明白，我们就需要做一个流程图，如图10-1所示。

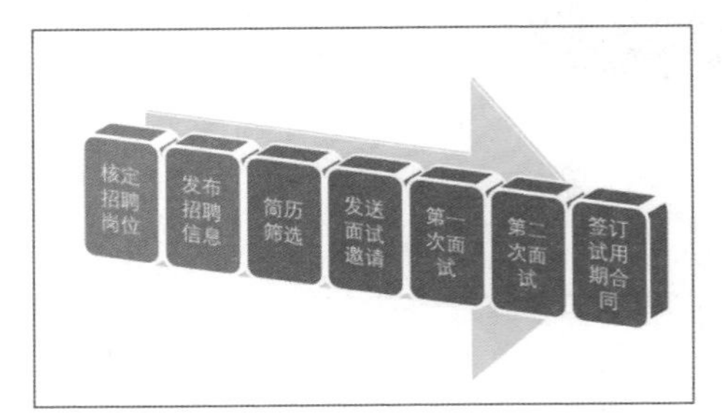

图10-1　招聘流程图

只需使用SmartArt就能画出这样美观的图？我之前一直在PPT里画耶。

小虾

张卓

你那种做法太"民间"了！怎么？先插入一个箭头，然后再一个一个画圆边方形？等你画完，月度总结都变成季度总结了！要想省时省力，就要用SmartArt！

绝大多数用过Word的小伙伴都听说过Word中的SmartArt功能，但是几乎没有人说它好用。我想并不是它不好用，而是大家并不了解它。今天我就借这个案例带领大家了解一下如何使用SmartArt！

10.1　SmartArt的基本用法

第一步：如图10-2所示，单击“插入”选项卡下“插图”组中的SmartArt按钮。

图10-2　单击SmartArt按钮

第二步：在弹出的“选择SmartArt图形”对话框中选择“流程”选项卡，如图10-3所示。

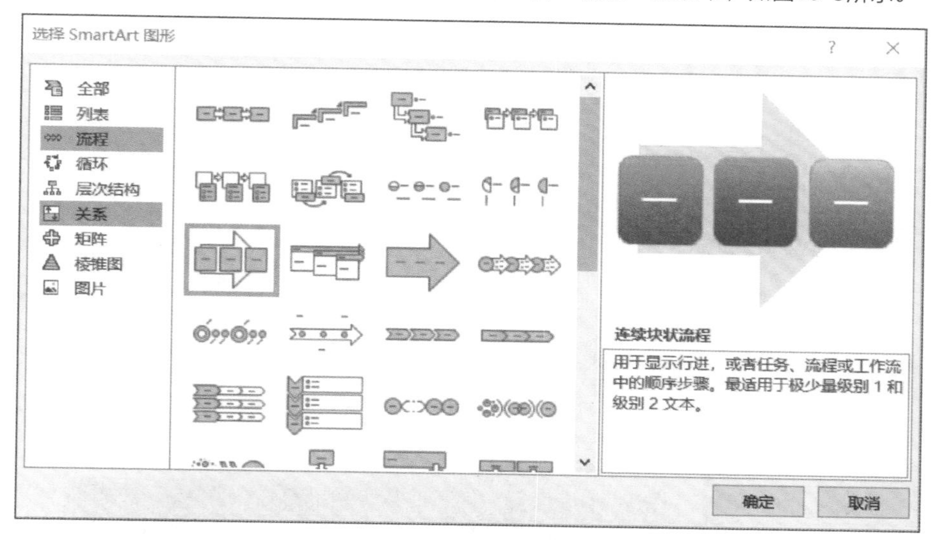

图10-3　选择“流程”选项卡

第三步：在中间的图形模板中选择“连续块状流程图”，此时在右侧的缩略图下方会显示图形说明“用于显示行进，或者任务、流程或工作流中的顺序步骤……”。显然，招聘流程就适合使用它来进行描述。

第四步：单击“确定”按钮，关闭“选择SmartArt图形”对话框。此时流程图已经出现，如图10-4所示。如果要填写文字，直接单击图形中的“文本”，在弹出的“在此处键入文字”对话框中输入需要的文字即可。

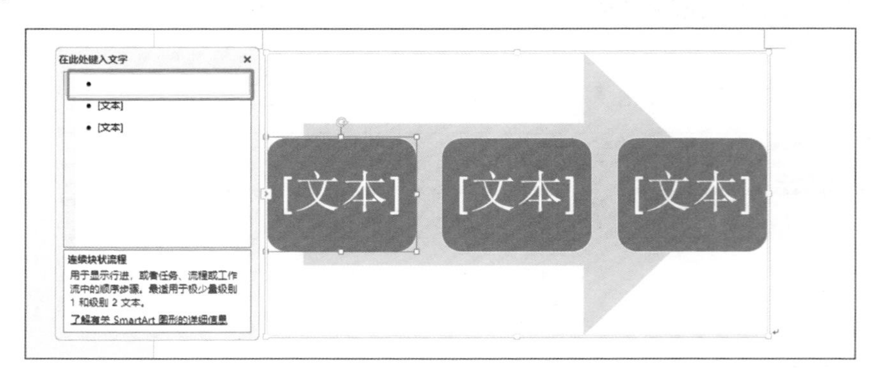

图10-4　填写文字

我们可以用一个这样的操作——直接复制想要输入的7行文字。单击SmartArt左边有一个小箭头，用鼠标单击将其展开，如图10-5所示，这个位置就是输入文字的，直接选择“粘贴”选项，然后把多余的文本删除，这样就可以不用重复输入了。

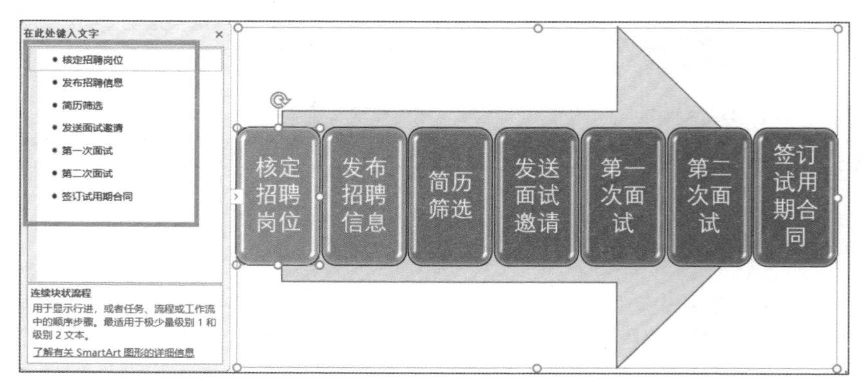

图10-5　快速输入文字

小虾：果真不同凡响，省时又省力！师父，这个模型可以调整吗？比如我想在下面增加一级。

张卓：当然可以。

10.2　增加形状

第一步：如果要增加流程步骤，先选中要增加层级的那个图形。

第二步：单击“SmartArt工具|设计”选项卡下“创建图形”组中的“添加形状”下拉按钮，如图10-6所示。

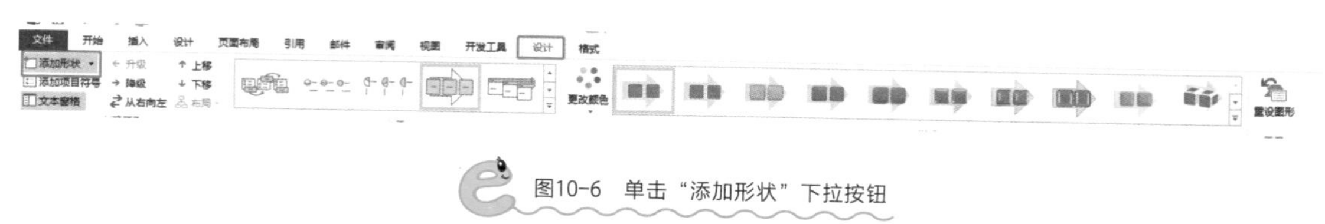

图10-6　单击“添加形状”下拉按钮

在弹出的下拉列表中选择“在后面添加形状”或“在前面添加形状”。比如，选择“在后面添加形状”，那么在“核定招聘岗位”右侧会出现一个新的模块。

第三步：输入新模块的内容，如“确认工作内容和期限”，如图10-7所示。

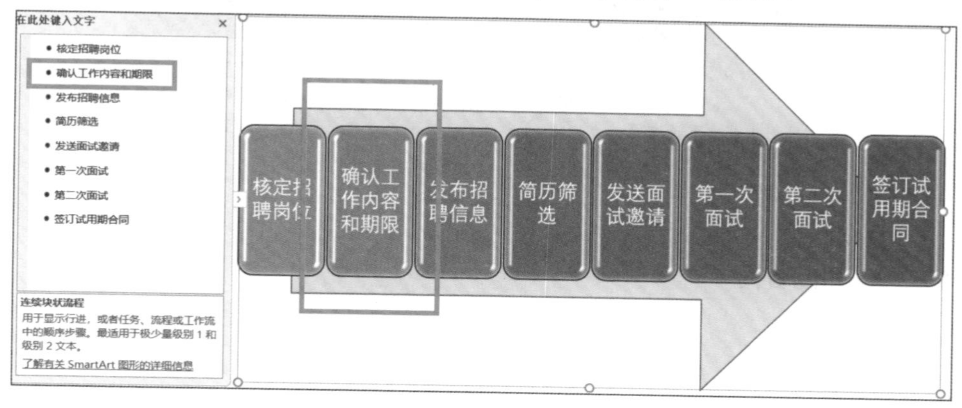

图10-7　填写内容

张卓：搞定！当然，各位如果想要删除层级，只需选中要删除的形状，按Delete键就可以将其删除了。

小虾：快倒是很快，但这颜色，有点像小丑敲门。

张卓：怎么讲？

小虾：丑到家了！

张卓：你有长进。OK，如果觉得颜色不满意，SmartArt也一样会满足你的调色需求。

10.3 选择形状与颜色

SmartArt颜色如何选呢？

在"SmartArt工具|设计"选项卡中，可以选择图形样式，如立体的，或者是突出显示的；还可以选择颜色，改成你所需要的那种颜色，或者选择渐变色。

如图10-8所示，在"SmartArt工具|格式"选项卡的"艺术字样式"组中可以重新设置SmartArt中文字的格式，对字体进行各种美化，展现不同的艺术效果。

你想要什么效果，自由选择。

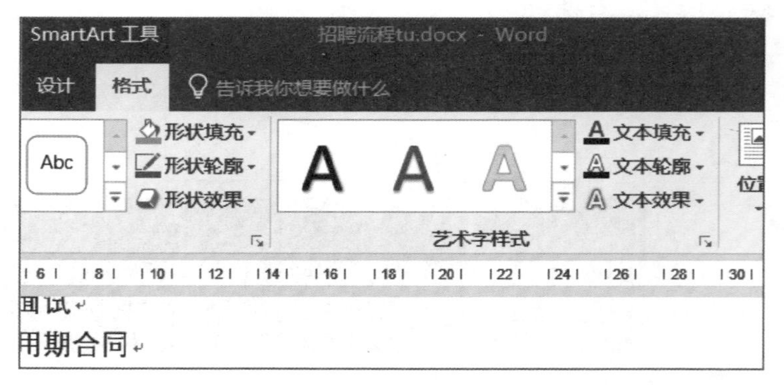

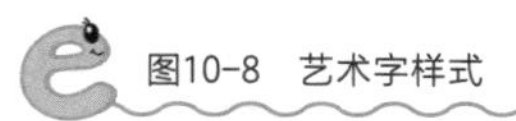
图10-8　艺术字样式

张卓：其实SmartArt的种类远远不止流程图，在图10-3所示对话框中可以看到，其中有各种各样的关系图可供我们选择。

张卓：大家只要掌握这个原理，就可以很容易地做出自己想要的那个SmartArt关系图了。你猜，SmartArt还能做出什么图？

小虾：可以画大家常用的组织结构图！

张卓：对，下面我们就尝试使用SmartArt做出美观的组织结构图。

10.4　快速制作公司组织结构图的秘诀

张卓：你告诉我，在Word里你是怎么画公司组织结构图的？

小虾：选择图形后直接连线吧，但是每次连线都连不准，而且还会有各种状况出现。

张卓：快速制作美观的组织结构图是SmartArt的另一个强大功能。

10.4.1　基础画法

第一步：新建一个Word文档；然后在“页面布局”选项卡的“页面设置”组中单击“纸张方向”下拉按钮，在弹出的下拉列表中选择“横向”选项，如图10-9所示；接着单击“插入”选项卡下“插图”组中的SmartArt按钮。

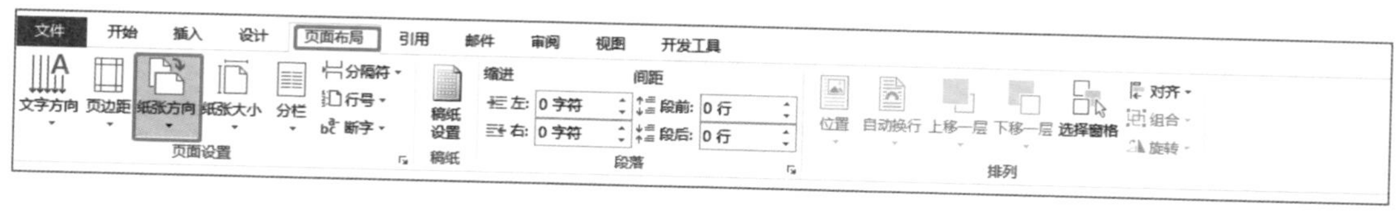

图10-9　横向布局

第二步：如图10-10所示，在弹出的“选择SmartArt图形”对话框中选择“层次结构”选项卡，在中间的图形模板中选择“组织结构图”。

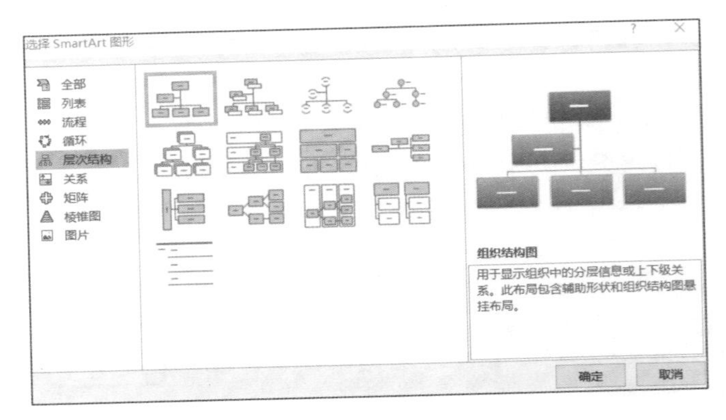

图10-10　选择“组织结构图”

第三步：当然，下面还有各种组织结构图的画法，大家可以自行选择。这里我选的是第一个组织结构图，然后单击“确定”按钮。

这时在页面上就出现了一个最基本的组织结构图。

在制作组织结构图之前，最好先找一张纸，制作一份大概的草稿，这样就可以很方便地把组织结构图做出来。

第四步：输入文字内容。

如图10-11所示，目前的结构太简单了，如果想增加其他部门，应该如何操作呢？

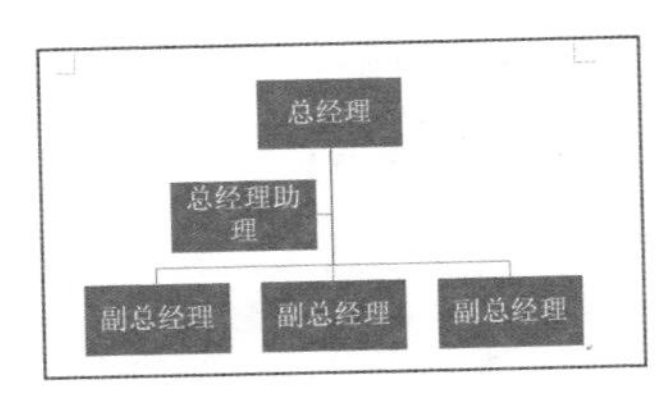

图10-11　组织结构图

第一步：选择“副总经理”矩形框。

第二步：在“SmartArt工具|设计”选项卡的“创建图形”组中单击“添加形状”下拉按钮，在弹出的下拉列表中选择“在下方添加形状”选项。

如图10-12所示，这样经过多次操作，我们就可以完成这个组织结构图了。

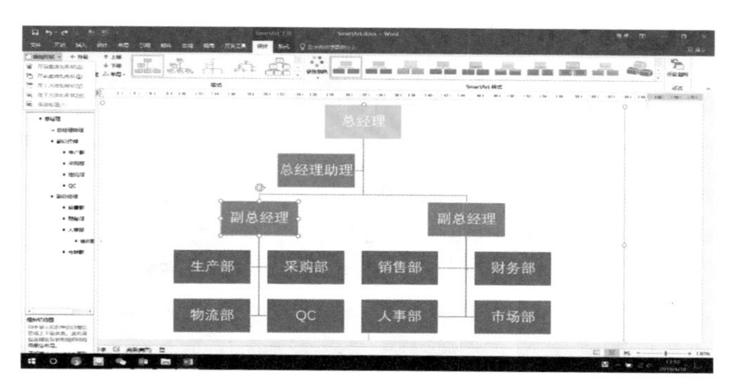

图10-12　添加部门后的组织结构图

小虾：师父，如果做完发现结构不合适，更改结构容易吗？

张卓：No problem！

10.4.2 更改结构

如果要更改结构，我们可以这样操作。

单击选中组织结构图中的“副总经理”矩形框。

单击“设计”选项卡“创建图形”组中的“布局”下拉按钮，在弹出的下拉列表中可以选择“两者”“左悬挂”或者“右悬挂”，根据大家的需求和纸张的布局来定。此处选择“两者”的排列布局，如图10-13所示。

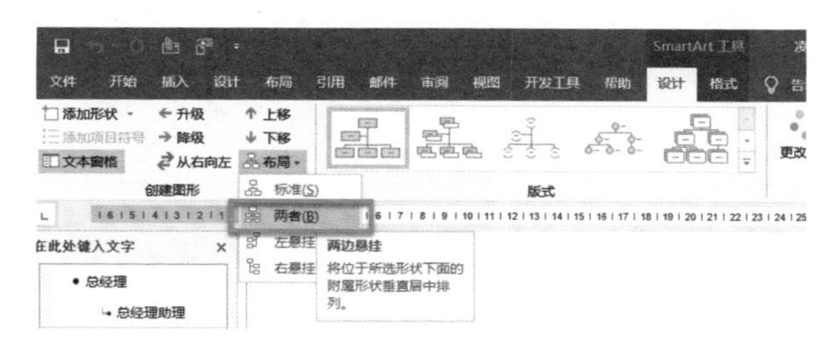

图10-13　“两者”布局

如图10-14所示，如果想在“人事部”下面再增加新的部门——培训部，有3种方法。

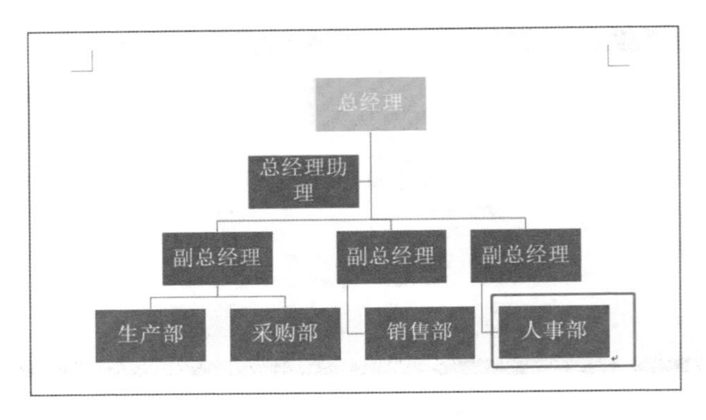

图10-14　在“人事部”下面增加部门

第一种方法：单击选中“人事部”矩形框，然后单击“SmartArt工具|设计”选项卡下“创建图形”组中的“添加形状”下拉按钮，在弹出的下拉列表中选择“在后面添加形状”选项，在新增的矩形框中输入“培训部”即可。

第二种方法：如图10-15所示，选中“人事部”，右击，在弹出的快捷菜单中选择“添加形状”命令。

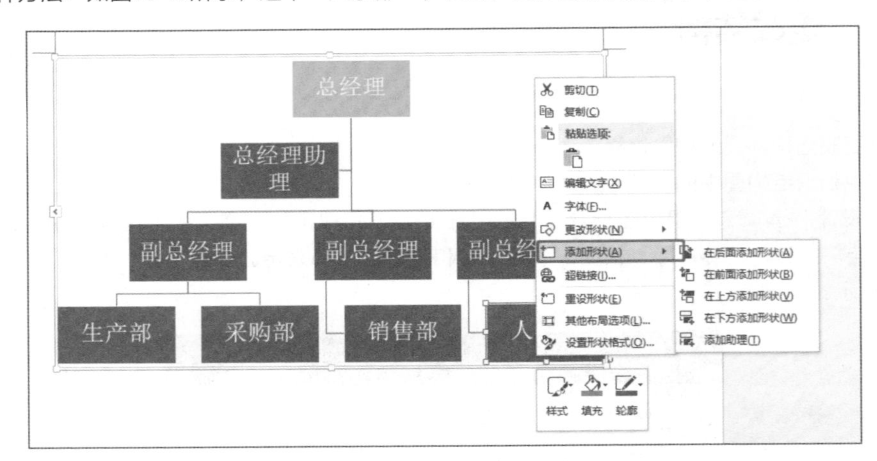

图10-15　右击，选择“添加形状”命令

下面的操作与刚才的第一种方法一样，选择“在下方添加形状”命令，在新增的矩形框内输入“培训部”即可。

第三种方法：如图10-16所示，单击SmartArt左边的 按钮，在弹出的“在此处键入文字”对话框中将光标定位在“人事部”3个字后面，按Enter键，然后再按Tab键（降级），最后直接输入“培训部”即可。

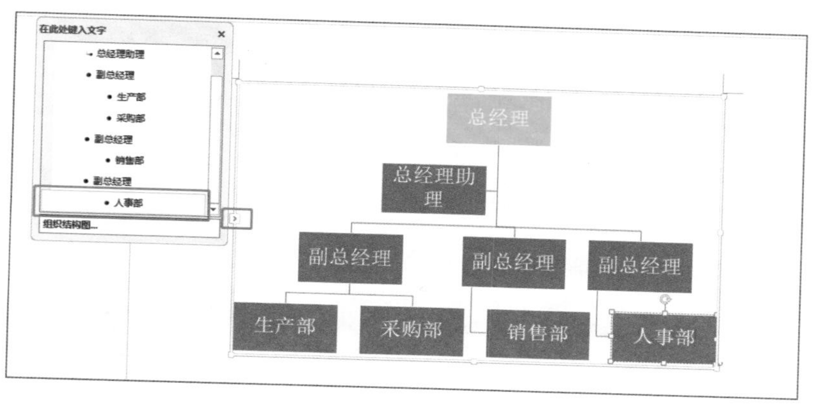

图10-16　通过按钮添加

10.4.3 配色方案

小虾：如果想要不同级别用不同的颜色表示，该怎么操作呢？

张卓：非常简单！

如果要更改颜色，可以单击“SmartArt工具|设计”选项卡下“SmartArt样式”组中的“更改颜色”下拉按钮，在弹出的下拉列表中选择所需的颜色即可，如图10-17所示。

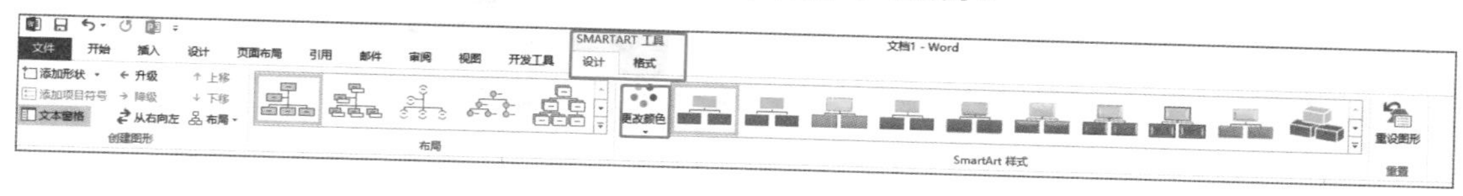

图10-17　更改颜色

小虾：如果发现这些颜色都不是我想要的怎么办？怎么更改呢？

张卓：还有一种方法。

如图10-18所示，在“SmartArt工具|设计”选项卡的“自定义”组中单击“主题”下拉按钮，在弹出的下拉列表中系统提供了更多的“配色方案”，我们可以从中选择所需的配色方案（不仅仅包括颜色，甚至包括字体、字号等）。

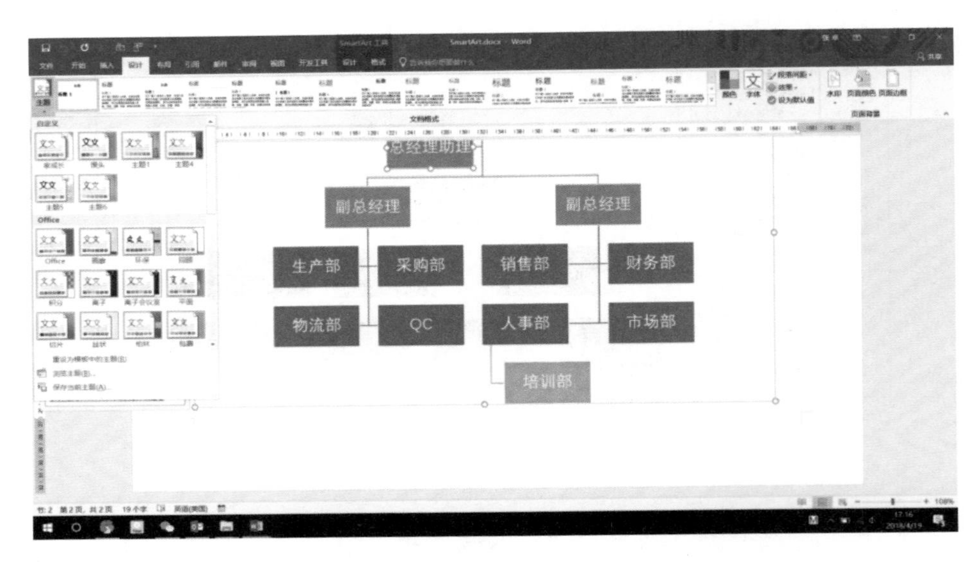

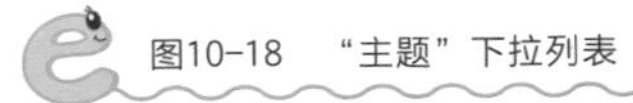
图10-18 “主题”下拉列表

张卓：怎么样？是不是快速、直接、美观？

小虾：师父，SmartArt可以制作所有的流程图吗？

张卓：有些流程图SmartArt是做不到的，需要自己绘制。

10.5 SmartArt做不到的流程图制作

小虾：SmartArt功能不完美啊，可惜，可惜。

张卓：可惜什么，SmartArt做不到，Word可以做到啊！如图10-19所示，这种流程图你会画吗？

小虾：哇，师父，每次在做这样的流程图时“对齐”非常麻烦，而且“连线”也是问题啊。

张卓：不不不，关键是你步骤没搞对。在Word中，如果对齐做好了，连线也就不是问题了，所以最重要的一步是先对齐。

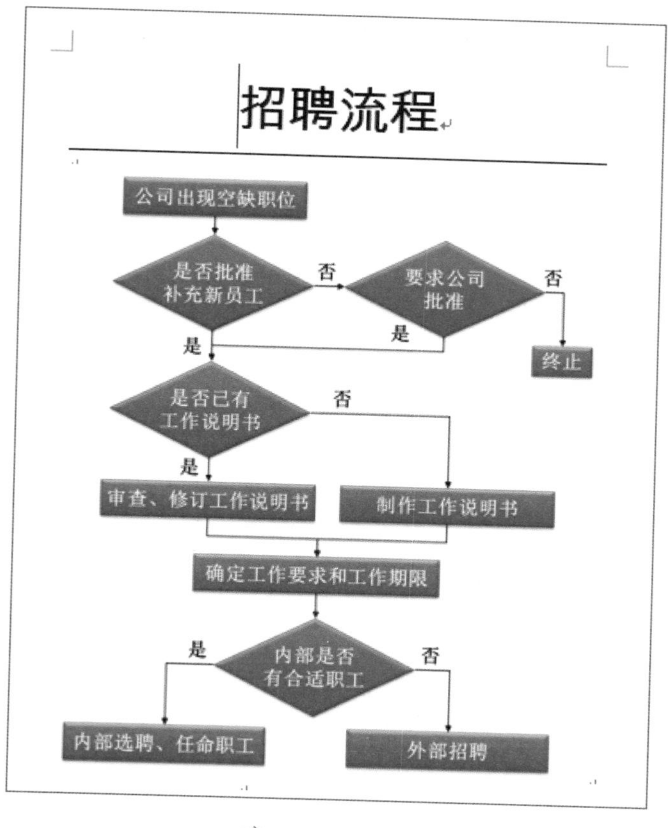

图10-19 流程图

10.5.1 创建形状

第一步：如图10-20所示，单击“插入”选项卡中的“形状”下拉按钮，在弹出的下拉列表中就有一个名为“流程图”的分类“流程图”，你可以在这里找到所需要的形状。

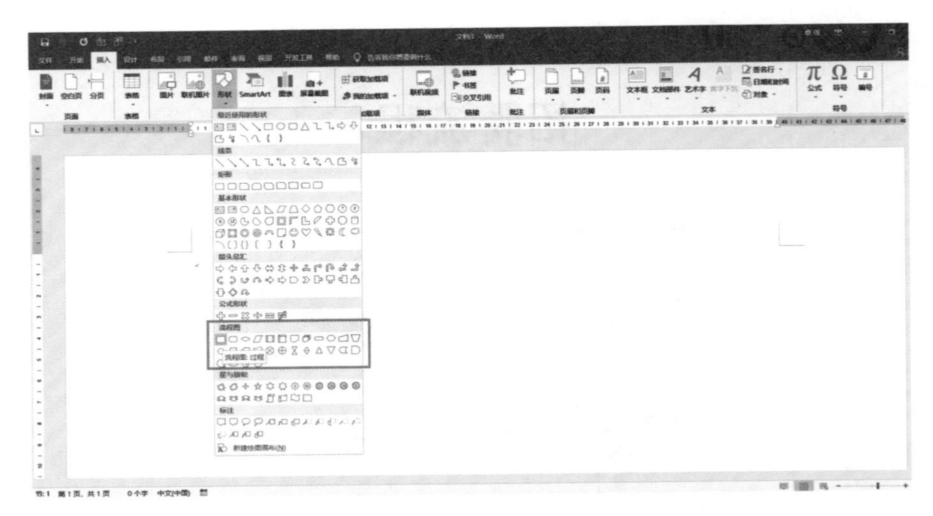

图10-20　插入形状

第二步：根据自己想要的流程图插入形状。想要做出如图10-19所示的流程图，我先插入一个矩形和一个菱形。

菱形在流程图中表示判定，通常不会放在开始或者结束的地方。

接下来，我还要画一个菱形，并且大小要一模一样，怎么办呢？再插入一个菱形吗？

最好的方法不是再次重新插入菱形了，有以下3种方法。

第一种方法：选中这个菱形后右击，选择“复制”命令，然后再选择“粘贴”命令，得到一个新的菱形。

第二种方法：选中这个菱形，按住Ctrl键的同时按住鼠标左键往外拖动，就可以复制出一个菱形。

第三种方法：在Office中重复前一次的操作有一个快捷键，那就是F4，我们直接按F4键就可以了。

注意

不是F和4，是F4。

现在，最重要的对齐步骤来了！

10.5.2 选择对象

我们把形状摆在一起，这时你会发现，仅仅使用鼠标是无论如何都无法同时选中这些形状的。

想要同时选中这些图形，应该怎么做呢？

第一种方法：先选中一个矩形，然后按住Ctrl键依次单击其他要选中的形状。

第二种方法：如图10-21所示，我们可以直接单击“开始”选项卡下“编辑”组中的“选择”下拉按钮，在弹出的下拉列表中选择“选择对象”选项。这时光标已经自动浮在整个Word的上方，按住鼠标左键拖动可以一下子选中所有的形状。

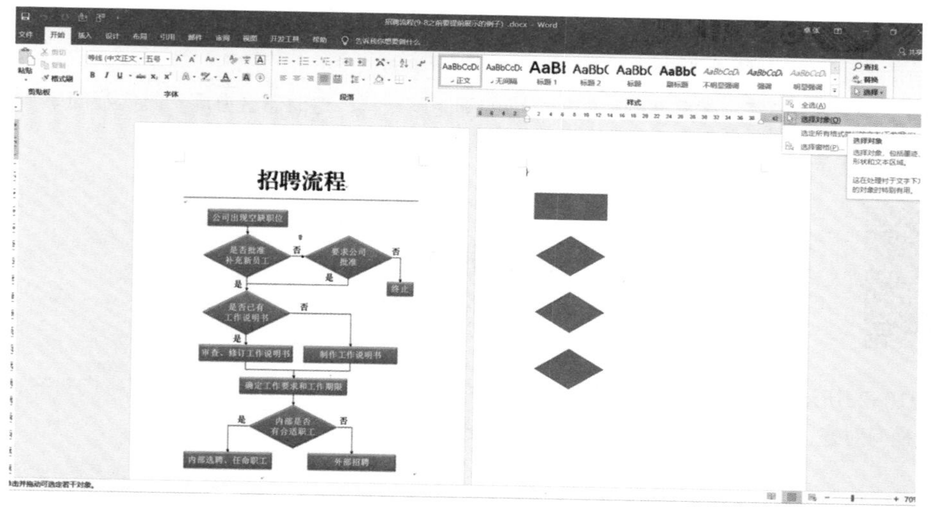

图10-21　选择对象

10.5.3 排列对齐

选中所有的形状后，下面将其对齐。

如图10-22所示，单击“绘图工具|格式”选项卡下“排列”组中的“对齐”下拉按钮，在弹出的下

拉列表中选择“水平居中”（有的版本是“左右居中”）选项。

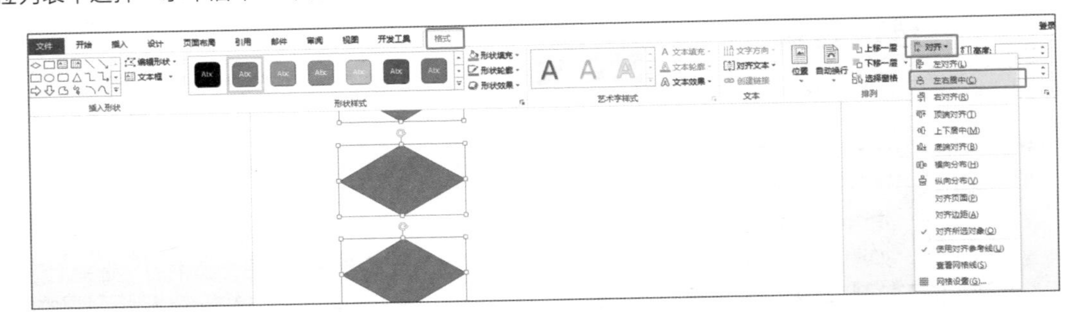

图10-22 “对齐”下拉列表

之后所有的形状都对齐了，因为这是一个“纵向”流程图。

对齐后会有一个问题，就是图形和图形之间的间距不一样，这时怎么办呢？其实很简单，调整一下间距。

10.5.4 分布 | 调整间距

如图10-23所示，在“对齐”下拉列表中包括多个选项，其中上面3个选项用于纵向对齐，中间3个选项用于横向对齐，下面的“横向分布”和“纵向分布”选项就是用来调整间距的。

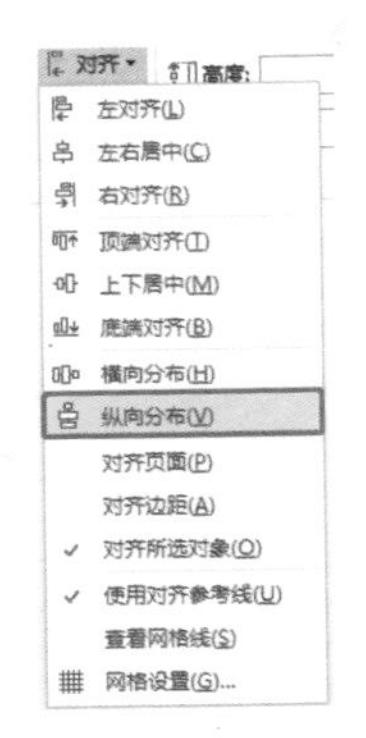

图10-23 “横向分布”与“纵向分布”选项

"分布"指的就是图形之间的间距要相等。

这里选择"纵向分布"命令，可以看到迅速地就把每个图形之间的间距调完了。

调整完成后，我们会发现所有的图形依然还处于选中的状态，在这种状态下无法进行内容的输入，如图10-24所示。

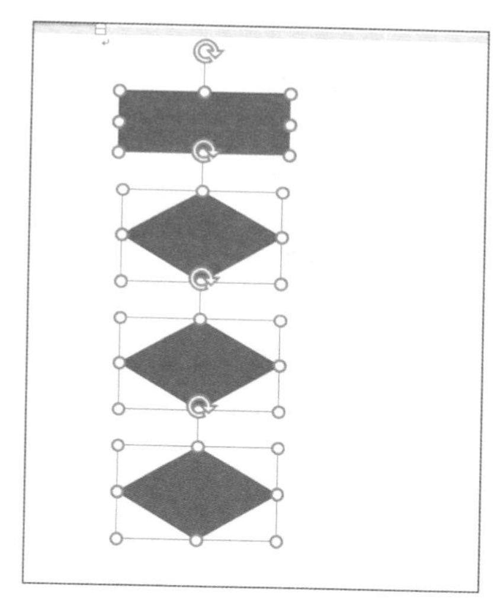

图10-24 无法输入

此时可以在"开始"选项卡下"选择"下拉列表中再次选择"选择对象"命令，也可以按Esc键退出。

接下来，使用"插入"选项卡下的"形状"下拉列表中的"箭头"去做连线。

张卓：这样就方便很多了。

小虾：感觉连线还是很麻烦，一不小心就会操作不当，进而导致全部白做。师父，有更快、更好用的连线方法吗？

张卓：那我介绍一种非Word功能的连线方法，帮你自动解决连线的问题。

10.5.5 连线小技巧 | 使用PPT画流程图

通常我们也会在PowerPoint中制作这样的流程图，方法和技巧是一样的，只是PPT中选中图形的操作更简洁，直接把光标放在图形以外的区域，然后按住鼠标左键拖曳就可以选中所有的图形啦。

如图10-25所示，在PowerPoint的“绘图工具|格式”选项卡下的“排列”组中单击“对齐”下拉按钮，在弹出的下拉列表中选择“水平居中”选项，然后选择“纵向分布”选项。

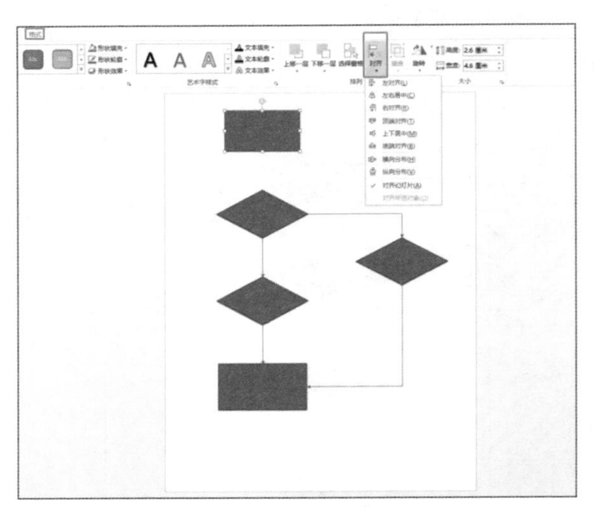

图10-25　对齐调整

··· 小虾：这和Word操作没什么差别啊，为什么说PowerPoint会比Word更好用呢？

在PPT中有一个比Word更好用的功能，就是连线。单击“插入”选项卡下“插图”组中的“形状”下拉按钮，在弹出的下拉列表中选择“箭头”，然后将光标放在矩形上，PPT会自动帮我们标示出四边的中点，如图10-26所示。此时只需把光标放在矩形下边的中点，然后连接到菱形的顶点，这样就可以了。

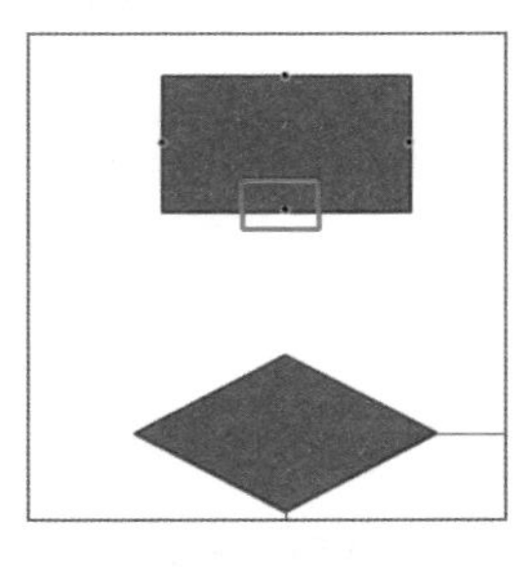

图10-26　自动确认中点

··· 小虾：还是不懂，这样的好处是什么？

张卓：这样的好处是，当我移动形状的时候，箭头也会跟着移动。

比如，我再次插入箭头把形状连接起来，这时如果选中第二个菱形将其移动，箭头也会跟着菱形移动。这样将来在做其他改动的时候，方便查看形状和形状之间的关系。

如果选择名为“肘型箭头连接符”的箭头，则箭头会自动“拐弯”，如图10-27所示。这样就省去你反复插入直线，再进行对齐和组合的繁琐操作了。是不是更方便呢？

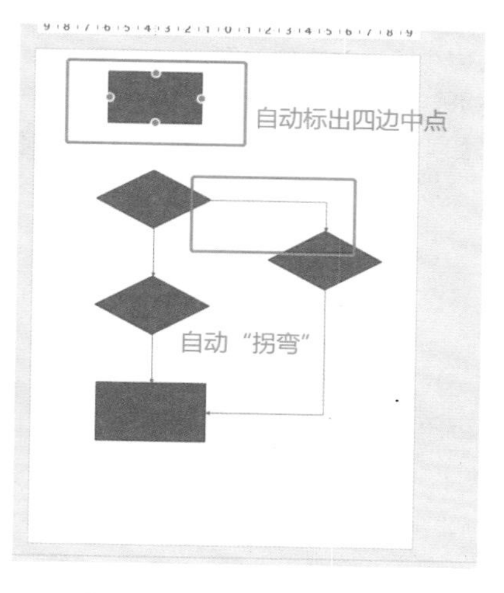

图10-27　自动“拐弯”的箭头

小虾：这样看来，这个PowerPoint小技巧确实比Word方便很多，看来做流程图还是PPT比较方便。

术业有专攻，我们要学会取其长。在Word中对齐等操作相对于PPT更麻烦，而且PPT中的连线有“吸附”和“连接”功能，这一点也比Word要方便很多。因此，我建议如果要制作流程图，在你没有Visio等专业流程图制作软件的情况下，可以尝试先用PPT做好，然后再复制、粘贴到Word中来，这样效率反而更高。但是，只有深入了解、对比之后，你才会总结出更有效率的工具。职场江湖万变不离其宗，学会融会贯通才是真本事。本课的重点是SmartArt功能，你掌握了吗？

SmartArt工具是非常智能的关系图绘制工具，我们只需准备好文字，剩下的就可以交给SmartArt啦。值得注意的是，这里图形的方向、位置都可以调整。

在Word中通过“插入”选项卡下“插图”组中的“形状”功能来绘制图形，最重要的就是要了解形状的对齐和分布，减少手动对齐的时间。

使用PPT制作流程图的好处就在于连接线是可以吸附图形的，但这里有一点一定要注意，那就是一定要先对齐再连线。如果先连线再对齐，那么线条的吸附功能就失效了。

课后作业

1. 使用SmartArt完成一个自己所在组织的关系图。
2. 使用PPT完成一个招聘流程图。

第11课　谁动了我的文档，我都知道

你们俩在干什么？学人斗殴啊？武林争霸啊？

张卓

我的文档昨晚被人篡改了，我知道谁是凶手。

小虾

同上。

马小

你们俩别瞎猜了，你们俩的文档是被我篡改的！

张卓

什么？

两人

为师只是想测试一下你们俩的Word修炼水平，故意修改了文档，结果你们都没查出是谁干的吧？要是到了职场江湖，如此保管不设防的文档，会出乱子的。

张卓

师父，您为什么要捉弄我们？

两人

这不是捉弄，这是本节课要传授给你们的内容：Word文档自我保护的绝招，让你的文档200%的安全。

你们知道Word里面的“批注”和“修订”功能吗？

张卓

不太懂。

两人

“批注”和“修订”功能在以前被很多人认为是没有什么用处的，我们今天就来好好学习一下“批注”和“修订”，看看如何在Word文档中真正发挥其作用。

张卓

11.1 批注与修订功能解读

张卓：如图11-1所示文档，你发现有什么特别之处吗？

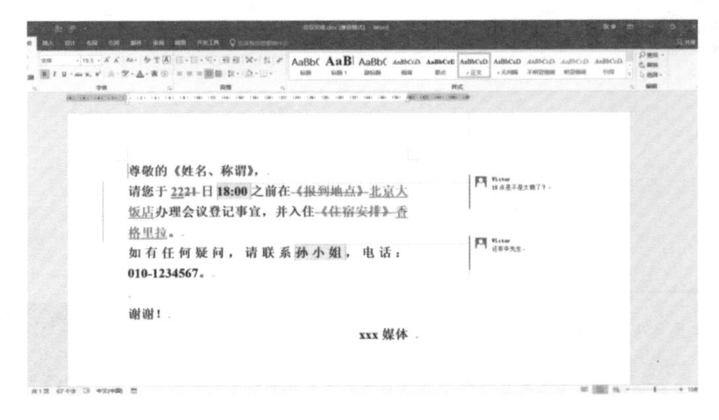

图11-1 修订后的文档

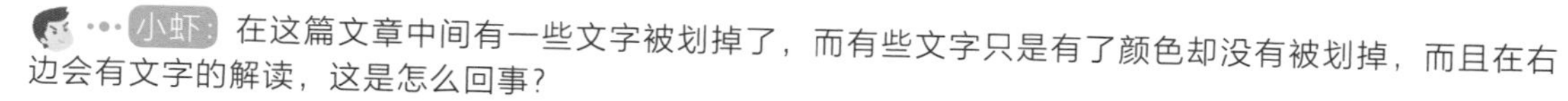

小虾：在这篇文章中间有一些文字被划掉了，而有些文字只是有了颜色却没有被划掉，而且在右边会有文字的解读，这是怎么回事？

张卓：在这份文档中，带有浅蓝色背景的部分体现的就是Word中的“批注”功能，那些被划掉的及其后带有下划线的蓝色字部分体现的就是“修订”功能。

小虾：那么到底“批注”是什么呢？

张卓：“批注”就是当你在看一篇文档的时候，你觉得某一段话、某一个词或者某一个句子有问题，不是很确定要如何去修改，或者有一些疑问，就可以用插入批注的方式给原文作者以提醒。

小虾：“批注”功能就像小学生写作文，每当出现病句的时候，老师就会在句子下面画上波浪线并给出意见，是这样的吗？

张卓：对的，这大概是我们在学生生涯中见过最早的“批注”。

小虾：那什么又叫“修订”呢？

张卓：假设我是一篇文档的修改者，我一眼就看出来文档中有一个错误，或是写错字了，或是逻辑错误了，我想直接修改，同时希望文档的作者能够清楚地了解我做了哪些修改，这就是“修订”。“修订”最大的特点是，可以让文档的原作者直接看到修改者修改过的内容在什么位置。

小虾：师父，两者的区别是什么？

张卓：两个功能是不太一样的。“批注”是原作者需要查看，然后自行决定是否去修改，或者说回复，而“修订”是你可以直接去选择“接受”还是“不接受”。

11.2 对文件进行批注与修订

11.2.1 批注和修订

张卓：我们怎么进行批注和修订的设定呢？实际上非常简单。

打开一个文档，切换到“审阅”选项卡，可以看到其中有一个组名为“批注”，还有一个组名为“修订”，如图11-2所示。

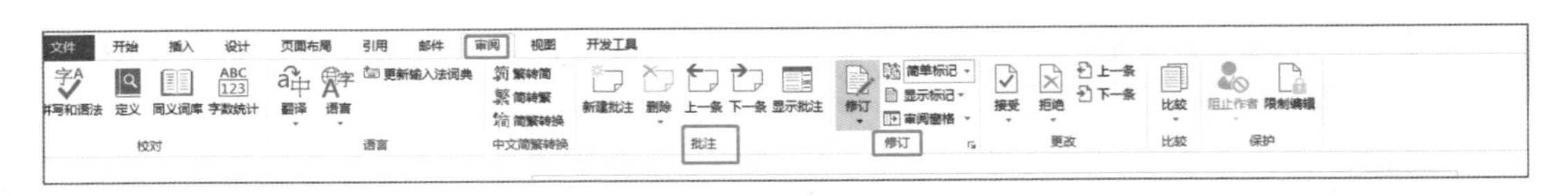

图11-2 “审阅”选项卡

首先来看“批注”组。当想要插入“批注”的时候，就直接把你认为有疑问的文字选中，然后单击“新建批注”按钮，那么批注就会显示在文档的右边，如图11-3所示。

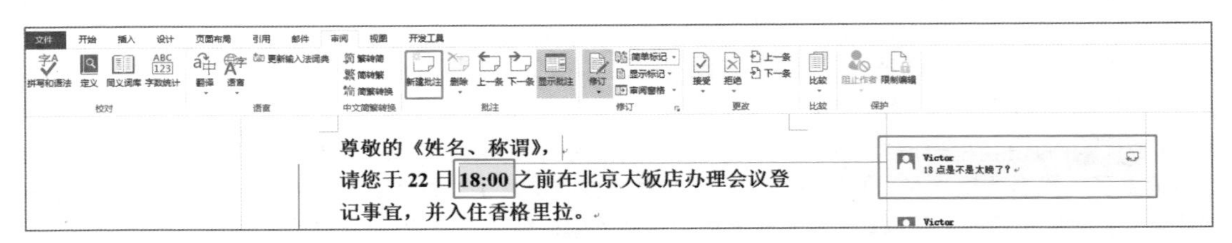

图11-3 插入批注

如图11-4所示，在批注的右上方还有一个“答复”按钮，这就意味着我们可以让作者来回复我们所添加的批注。

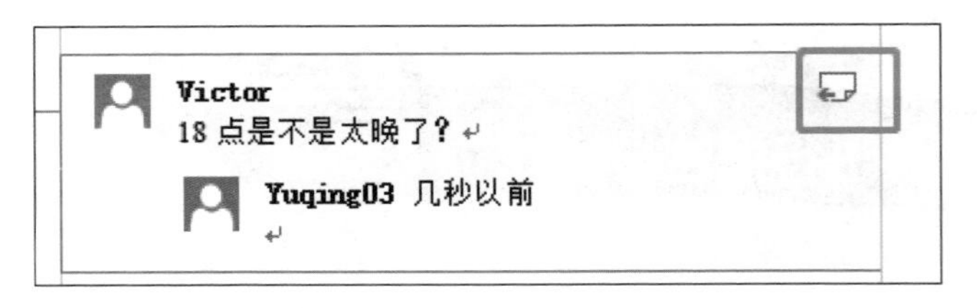

图11-4 答复批注

再来看看“修订”组。添加“修订”也非常简单，先在“审阅”选项卡的“修订”组中单击“修订”按钮，使文档处于“修订”状态，如图11-5所示。

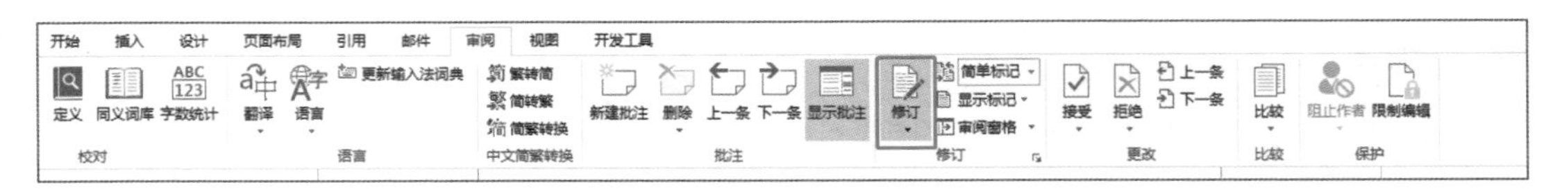

图11-5 单击“修订”按钮

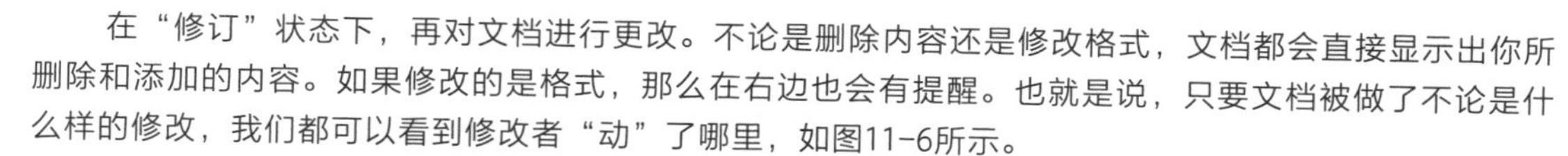

在“修订”状态下，再对文档进行更改。不论是删除内容还是修改格式，文档都会直接显示出你所删除和添加的内容。如果修改的是格式，那么在右边也会有提醒。也就是说，只要文档被做了不论是什么样的修改，我们都可以看到修改者“动”了哪里，如图11-6所示。

尊敬的《姓名、称谓》，

请您于 ~~21~~22日 18:00 之前在~~《报到地点》~~北京大饭店办理会议登记事宜，并入住~~《住宿安排》~~香格里拉。

如有任何疑问，请联系孙小姐，电话：010-1234567。

谢谢！

×××媒体

图11-6 修订后可以看到修改

小虾：要是我不认同别人给我的修订，那我要怎么拒绝呢？

张卓：问得好，你可以这么做。

11.2.2 接受或拒绝修订

如图11-7所示，在“审阅”选项卡下还有一个名为“更改”的组，其中就包括“接受”和“拒绝”按钮。

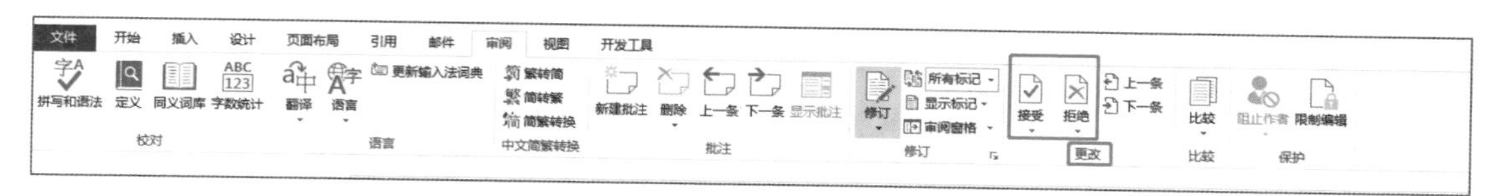

图11-7 “更改”组

对于修订，我们是要选择“接受”修订或者“拒绝”修订的。因为修订是已经更改完成的部分，所以，这时我们要对修改的部分选择是接受修改，还是拒绝修改。

如图11-8所示，单击“接受”下拉按钮，在弹出的下拉列表中可以看到有一个“接受所有修订”选项。如果我们的文档是上级领导来更改，那么就选择该选项。

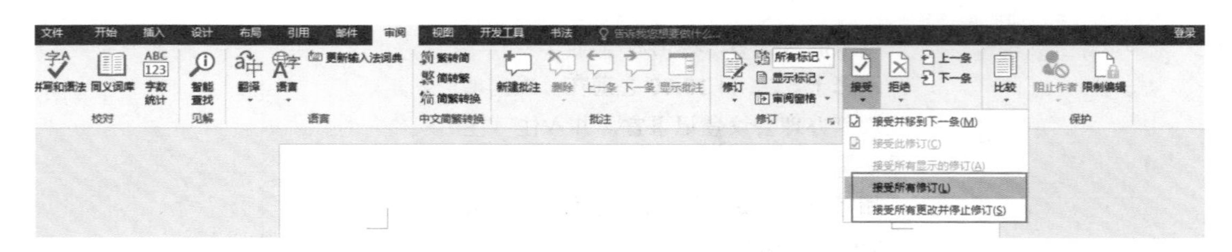

图11-8　选择“接受所有修订”选项

如果我们的文档开启了“修订”状态，同时又有多人进行了修订，这时我们也可以选择“接受并移到下一条”选项对每一条修订进行判定。

后面还有一个“接受所有更改并停止修订”选项，选择该选项后，修订全部被接受，并且“修订”状态自动被取消了。也就是说，这时将文档再发送给其他人，他们就看不到“修订”状态了；他们更改文字的时候，也是不会显示“修订”状态的。

“拒绝”也是同理的，你可以选择拒绝某一个修订，也可以选择拒绝所有的修订。

11.2.3 删除批注

张卓：你或许会问，要是我做错了批注，要怎么删掉啊？

如图11-9所示，在“批注”组中可以看到只有一个“删除”按钮，而没有其他修改功能，因为批注并没有更改文档的内容。

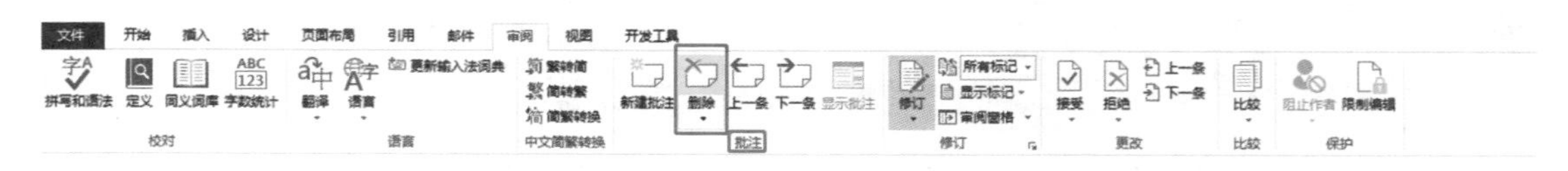

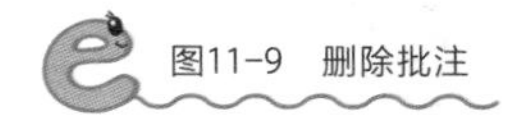
图11-9　删除批注

我们对批注的部分做了一些修改和解读后，不能让批注的状态长期存在于文档中，于是就要删除选中的批注或者是所有的批注，从而保证文档看上去是干净整洁的。

11.2.4 “修订”状态时的标记

张卓：关于批注和修订，有个地方你一定要了解一下。

当文档处于“修订”状态的时候，可以看到在“修订”组的右上角有个下拉列表框，其中包括“简单标记”“所有标记”“无标记”“原始状态”，如图11-10所示。这些是什么意思呢？

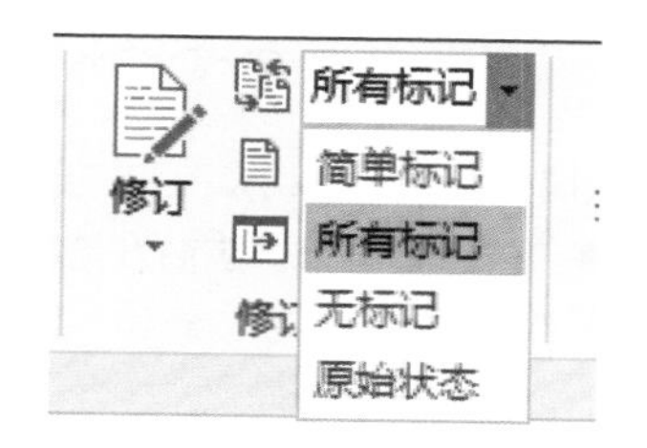

图11-10　标记下拉列表框

在使用修订做完一些文档的修改后，我们可以通过这些选项实时查看修改后的文档处于什么状态。例如，选择“无标记”选项，文档就会显示为被修改后的新的状态，如图11-11所示。

尊敬的《姓名、称谓》，

请您于22日18:00之前在北京大饭店办理会议登记事宜，并入住香格里拉。

如有任何疑问，请联系孙小姐，电话：010-1234567。

谢谢！

×××媒体

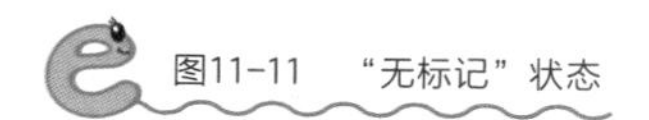
图11-11　“无标记”状态

如果选择“原始状态”选项，文档显示为如图11-12所示，很显然就是在修改之前的状态。这两种状态都是不包含任何修订痕迹的。

尊敬的《姓名、称谓》，
请您于21日18:00之前在《报到地点》办理会议登记事宜，并入住《住宿安排》。
如有任何疑问，请联系孙小姐，电话：010-1234567。

谢谢！

×××媒体

图11-12　原始状态

小虾：师父，我没听明白，什么叫作“无标记状态”和“原始状态”？

张卓：那我说个特别有趣的故事。曾经有一个供应商发给我一份合同，打开后令我非常诧异，那份合同竟然处于“修订”的状态，如图11-13所示。

公司内部网络架构及建设服务合同

合同编号：

甲方：北京卓易澳菲信息技术咨询有限公司 ~~上海深海信息咨询有限公司~~(以下称“甲方”)

乙方：北京××××网络技术服务有限公司　(以下称“乙方”)

甲、乙双方经友好协商，就乙方向甲方提供“公司内部网络架构及建设”服务事宜，达成协议如下：

一、　服务内容、期限

内容：公司内部网络架构及建设。

价格：人民币壹拾万元整（￥~~80000~~100000.00）

合同期限：　自2009年3月14日到2009年6月30日

二、　双方的权利和义务

1. 甲方的权利和义务

1) 甲方对PPT演示文稿提出需求。

2) 在合同期限内，甲方可以在需要时根据乙方时间要求乙方面对面咨询。

2. 乙方的权利和义务

1) 乙方将对甲方的需求进行分析。

图11-13　处于“修订”状态的合同

合同上的“甲方”写着我所在公司的名称，旁边还有另一家公司的名称并带有一条删除线。还有，乙方的报价为10万元，但是旁边还有一个8万元的价格，上面也有一条删除线。怎么是这个样子的呢？

后来我琢磨出来了，因为供应商在修订完文档后选择了“无标记”状态。也就是说，供应商虽然能够通过选择“无标记”来查看修订完成后的状态，但是该状态永远只是对该供应商自己有效，而对其他人是无效的，如图11-14所示。换句话说，如果你选择“无标记”状态，你自己看是OK的，但是如果你把这份文档发送给其他的任何人，对方看到的都是一个处于“所有标记”状态的文档，如图11-15所示。

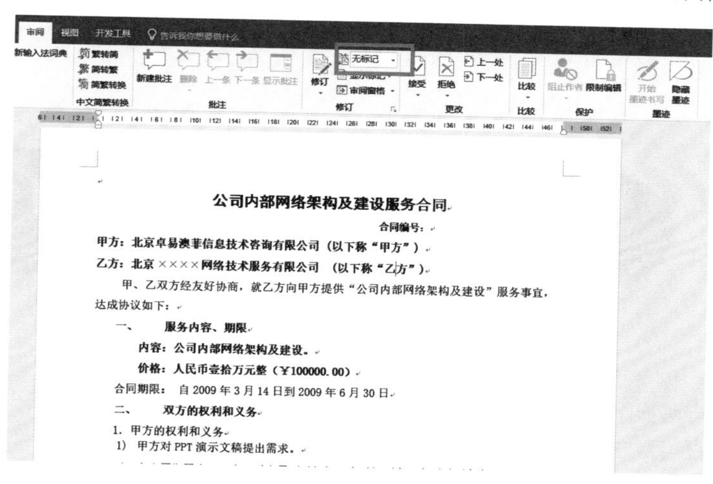

图11-14 “无标记”状态的合同

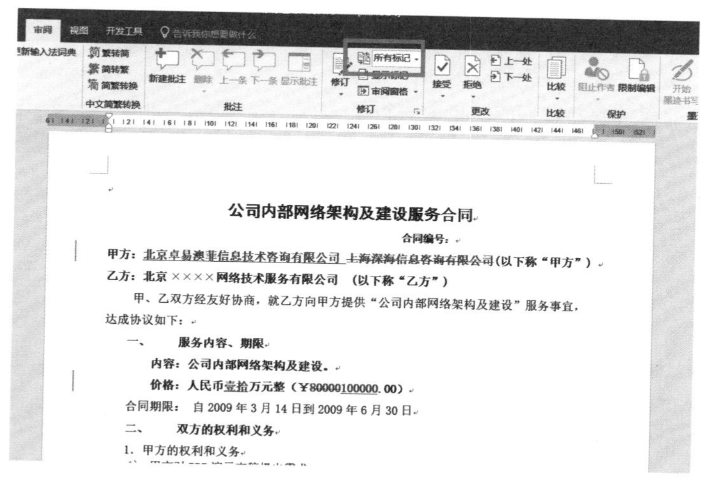

图11-15 “所有标记”状态的合同

所以，当供应商把这份合同文档发给我的时候，我看到的是一篇处于“所有标记”状态下的文档。这就意味着，我看到了它给前一家公司的报价和前一家的公司名称等信息。

大家对文档做完修订后，你可以实时查看“无标记状态”或者“原始状态”的版本，但是如果你的文档一旦要传递出去，或者是发送给其他人，一定要去选择“接受修订”或者“拒绝修订”，否则麻烦就大了。

11.3　自动修订状态，记录你文档的每一个操作

小虾：师父，刚才您说，当文档处于“修订”状态的时候，只要被其他人做了任何修改，都会有“修订”状态的提醒显示出来，要么是格式的修订，要么就是文字的增加或者减少。但是，会不会有这样一种情况，就是当对方拿到我们的文档的时候，他自行取消了“修订”状态，然后再对文档进行修改，是不是就意味着我们不知道对方到底在哪里做了修改？

张卓：这个问题问得好，这里涉及一个自动修订状态的操作。

通常我们的文档交给审阅者，是希望看到他在哪里做了修改，并且希望对方能够以“修订”的方式来提醒我们。但是，如果对方压根不知道Word里有一个“修订”功能，他直接拿着我们的文档就进行了修改，等我们把文档拿回来的时候，很可能就会遗漏了对方更改的地方。这时该怎么办呢？

实际上在8.3节中就有这方面的内容，让我们再复习一遍。

第一步：单击“审阅”选项卡下“保护”组中的“限制编辑”按钮。

第二步：打开“限制编辑”窗格，在“编辑限制”栏中勾选“仅允许在文档中进行此类型的编辑”复选框，在下方的下拉列表框中选择“修订”选项，如图11-16所示。

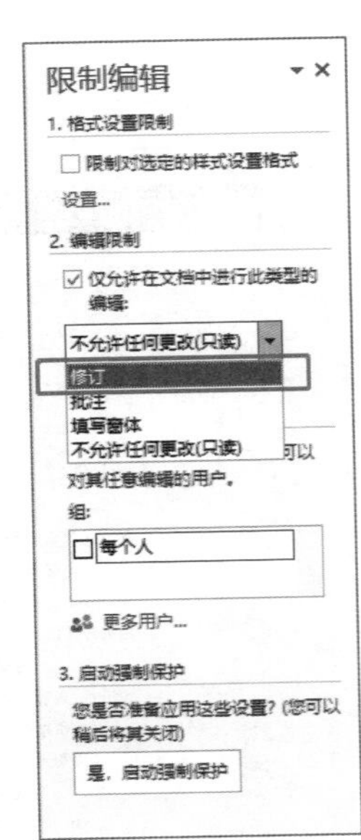

图11-16　“限制编辑”窗格

第三步：单击“是，启动强制保护”按钮，为我们的文档添加一个取消保护用的密码。

第四步：单击“确定”按钮后，你会发现文档自动进入“修订”状态。虽然说前面的字体、字号仍然可以修改，但是你会发现“审阅”选项卡下“修订”组中的“修订”按钮是灰色的，如图11-17所示。

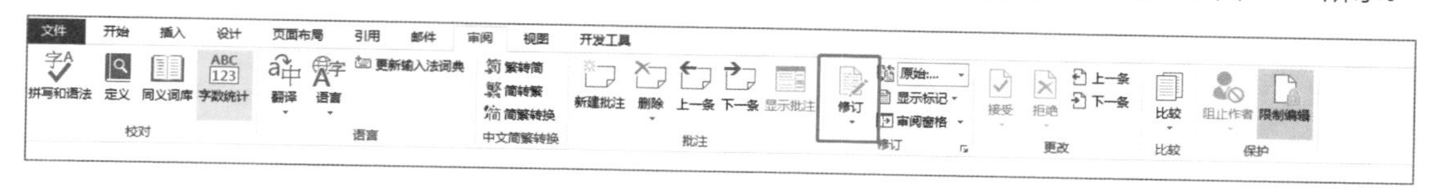

图11-17 灰色的“修订”按钮

张卓：这就叫自动修订状态。在这种状态下，不论是谁拿到我们的文档，只要他做了任何修改，都会以修订的形式出现。

文档做好后，如果希望了解审阅者在哪里做了修改，那么建议把文档“保护”起来，并且进行“修订”的保护。这样拿到我们文档的人，不论他是否了解“修订”这个功能，只要他对文档进行了修改，那么修订的状态就会显示在该文档中了。

当我们把文档取回来的时候，可以在“限制编辑”窗格中选择“停止保护”，然后输入密码，这时就可以对文档增加的“修订”部分选择接受或者拒绝。

小虾：太好了，我再也不用担心别人动我的Word文档了。

张卓：你认为这样就OK啦？为师还有几点没谈到呢。

11.4 对“批注”做“限制编辑”

张卓：各位刚才有没有看到，在“限制编辑”窗格中，“仅允许在文档中进行此类型的编辑”复选框下的下拉列表框中除了“修订”以外还有“批注”，“批注”实际上就是允许用户在文档中进行批注操作。

例如，在公司网络环境下，我们可以选择内部用户中哪些同事或者员工可以对我们的文档进行编辑，但这需要服务器的支持。

当选择批注后，你会发现，此时是没有办法对文档中的内容进行修改的，“字体”“样式”组乃至整个“开始”选项卡几乎都是灰色的，如图11-18所示。这有点类似于前面所讲的窗体。

图11-18　灰色的选项卡

但是，这里唯一可以使用的是“批注”功能，可以通过它为文档中我们不明白或需要解读的部分添加“批注”。

小虾：怎么加“批注”呢？和前面一样吗？

张卓：差不多。

如图11-19所示，比如说这个部分我不是很懂，那就把我不懂的部分以批注的方式写在旁边；或者是我们觉得对方需要修改，就在这旁边写就好了。

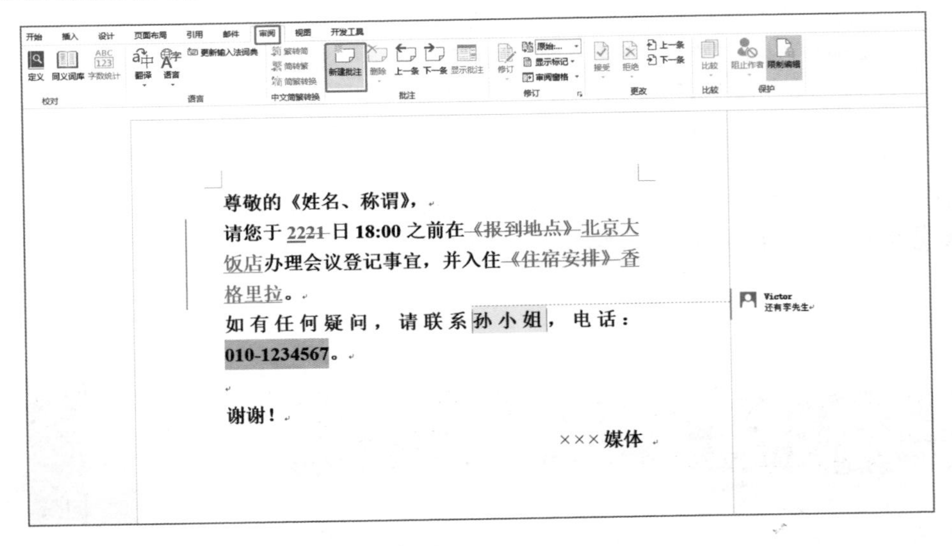

图11-19　进行批注

这样的好处是不会对文档进行任何的修改，同时还可以让文档的作者看到我们对哪些部分是有疑问的。

张卓：有了“批注”功能，再加上保护，是不是就更人性化了？

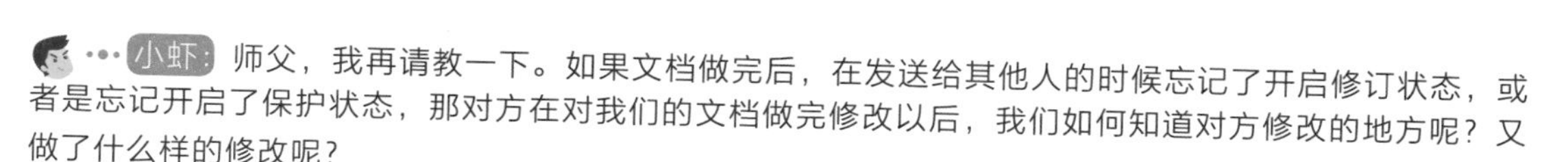

小虾：师父，我再请教一下。如果文档做完后，在发送给其他人的时候忘记了开启修订状态，或者是忘记开启了保护状态，那对方在对我们的文档做完修改以后，我们如何知道对方修改的地方呢？又做了什么样的修改呢？

张卓：这就得请出Word中的“福尔摩斯”了！

11.5 Word中的“福尔摩斯”——比较文档

张卓：Word中的“福尔摩斯”，名为比较文档。我们来看看它是如何侦破我的文档什么地方被修改了？做了什么样的修改？

如图11-20所示，在“审阅”选项卡的“比较”组中有一个“比较”按钮，其功能就是比较文档。

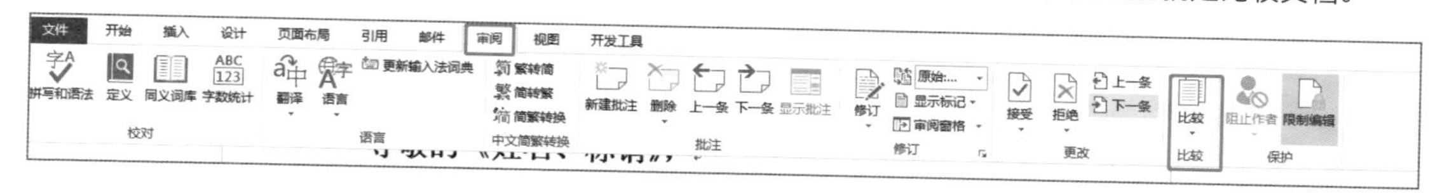

图11-20　比较文档

这个“比较文档”的含义实际上就是“被动”地为我们去增加修订。下面看一下如何来操作。

张卓：如图11-21所示，有两篇文档，一篇文档是“规划整理会员权益”，另一篇文档是对其进行更改后产生的文档。对于这两个文档，我想知道更改后的作者到底改哪里了？他做了哪些更改？我们如何来操作？

规划整理会员权益.docx	2018/4/9 12:16	DOCX 文档	59 KB
规划整理会员权益敬子修改(1).docx	2018/4/16 14:02	DOCX 文档	55 KB

图11-21　用于比较的文档

我们可以这样做：

第一步：先选择打开原文档，然后单击“审阅”选项卡下“比较”组中的“比较”下拉按钮，在弹出的下拉列表中有两个功能，一个是“比较”，另一个是“合并”，如图11-22所示。

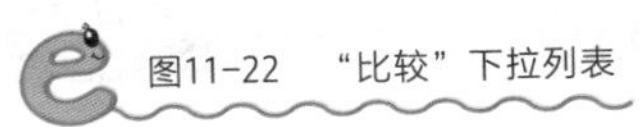
图11-22 “比较”下拉列表

“比较”是对两个文档的两个版本的精确比较，而“合并”是将多位作者的修订组合到一个文档中。

第二步：选择“比较”选项，在弹出的“比较文档”对话框中选择“原文档”和“修订的文档”，如图11-23所示。

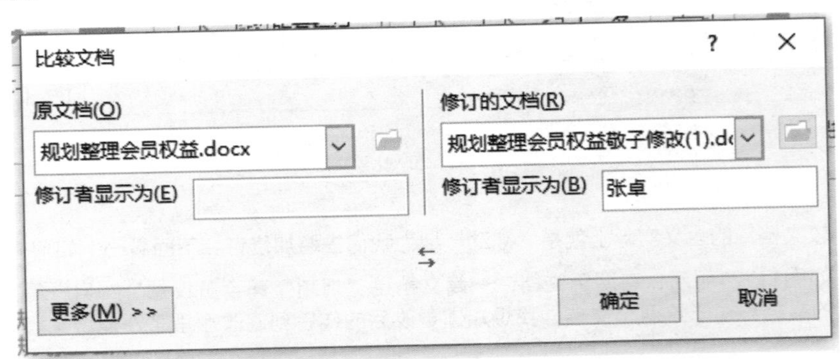

图11-23 “原文档”和“修订的文档”

第三步：选好以后，直接单击“确定”按钮。

张卓：这样操作后，Word文档便自动处于修订状态了！

如图11-24所示，一旦发生了文字的增加、格式的修改等，都会给出说明，而且还会说明是由谁来更改的。

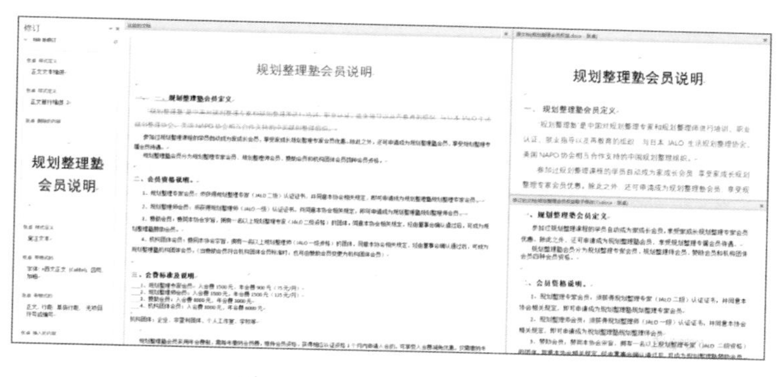

图11-24　自动修订状态的文章

比较后会生成一个新文档，它既不是原始文档，也不是我们后来改过的文档。对于这个新文档，我们就可以选择是接受还是拒绝这些修订。

完成这个步骤后，再次单击“保存”按钮保存我们的文档，就可以生成一个综合了两个文档修订部分的新文档了。

课后悄悄话

学会批注和修订之后，公司同事之间修改文档、互传文件就变得非常方便了，可以一眼看出在哪里做了修改或者对哪些地方有所疑惑。而学会比较文档后，谁动了文档你都会知道，再也不怕数据被改动了。小伙伴们，一定要记住随时保护好你的Word文档噢。

课后小结

批注与修订都在“审阅”选项卡。如果对内容感到不确定或有疑惑，只需选中文字内容后添加批注。如果内容有明确的错误，可以直接添加修订。修改后，他人可以很清楚地看到你做了什么修改。

使用限制编辑进行批注与修订的保护，可以控制别人对你的文档的修改。

使用比较文档可以快速找到两篇文章的“不同之处”。

课后作业

自己动手进行修订、批注，然后查看不同标记下的文档显示，更改后进行文档的比对。

第12课　让你对Word爱不释手的“职场神器”——邮件合并

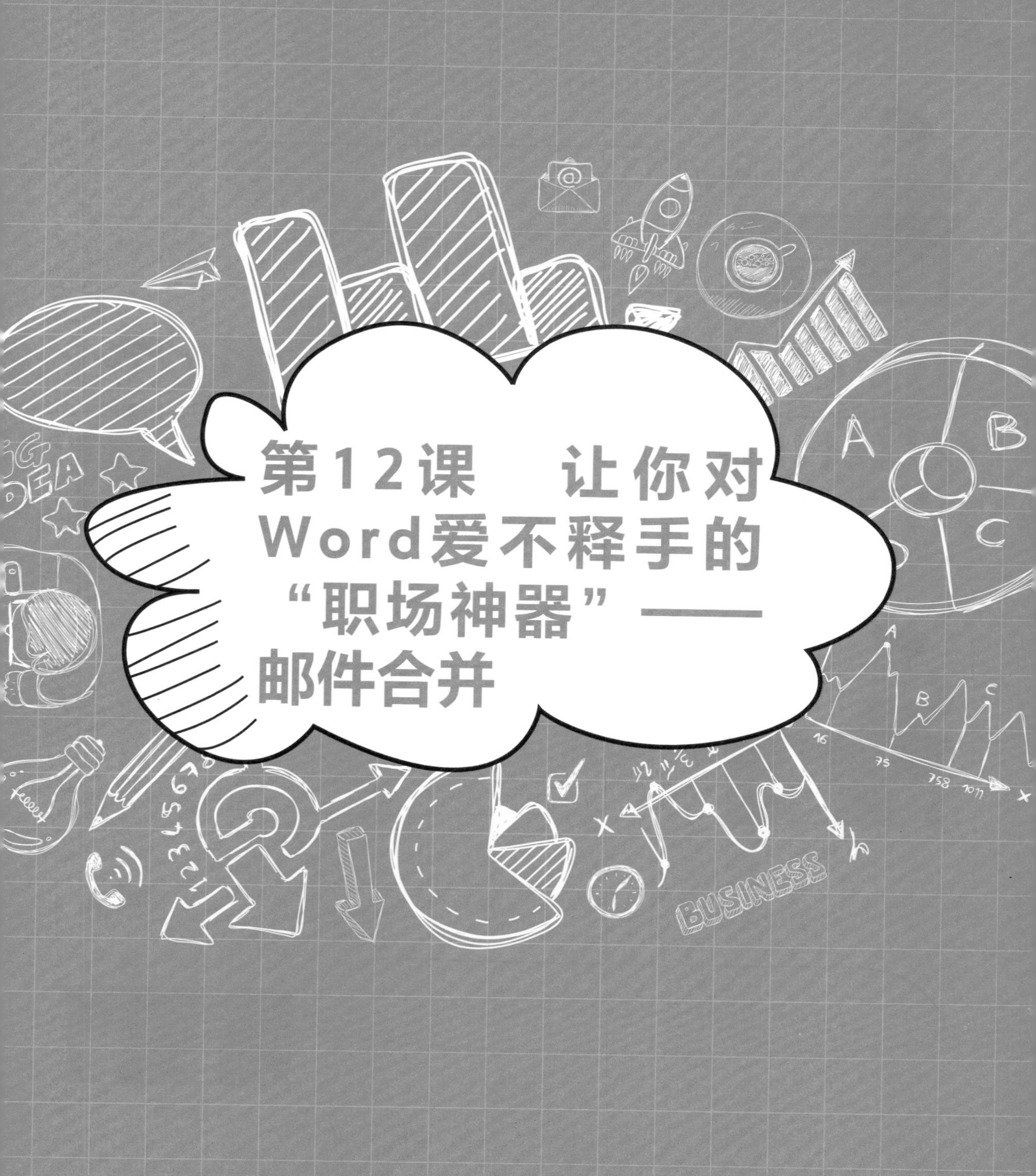

师父，我还有一个问题要请教。

小虾

请说。为师一定知无不言，言无不尽。

张卓

老板昨天叫我给客户发邮件，给了我1000个客户的信息，到现在还有一半没有发完，有没有更加高效的方法？

小虾

这一课我们要学习的就是Word职场神器——邮件合并。

张卓

12.1　Word邮件合并你知不知

张卓：Word中有个批量生成文件的功能——邮件合并。你肯定要问了，“邮件合并”是什么功能呢？

张卓：一般公司都会有各种会议或者庆典，如周年庆、年会、表彰大会、经销商会议等。因此，就会有各种邀请函需要发送给客户，也会有奖状、证书等要发给自己的员工。例如邀请函，不论是打印后发出纸质的，还是用电子版本发送邮件，都很麻烦。很多人都会像小虾一样，一封一封地发邮件。10份容易，1000份呢？10000份呢？打印就更不要说了，一个一个地打印，打印到会议开始，邀请函还没好！

我们先来讲纸质邀请函的快速批量制作方法。

这个对于很多人来说，需要半个小时，甚至一两个小时才能完成的工作，对于Word高手来说可能只要一两分钟就搞定了。

我们应该如何制作邀请函呢？

还记得我们是如何下载模板的吗？这是第9课学习的内容。

当模板下载后，我们只需在这个模板上更改不同人的名字即可，如图12-1所示。

图12-1　下载好的模板

小虾：老板给了我一份包含所有客户名单的Excel表格，人数多达1000名。逐个手动填写邀请函，花费了我一上午的时间，有没有什么快速填写的办法？

张卓：如图12-2所示，在这个Excel表格中详细记录了客户姓名、性别、职务、电话、传真、电子邮件、地址和邮编等，小虾你要做的邀请函需要什么信息？

客户姓名	性别	职务	电话	传真	电子邮件	地址	邮编	发信人地址	发信人邮编
蔡曼	女	经理	88253278	88253256	caiman@sina.com	天津市河西区滨水道28号	300060	天津市南开区鞍山西道52号	300210
曹冀鲁	女	经理	88367980	88367960	cao@sohu.com	天津市南开区乐园道10号	200080	天津市南开区鞍山西道53号	300210
曹宁	女	经理	28275456	28275457	ning@eyou.com	天津市河西区天塔道77号	200060	天津市南开区鞍山西道54号	300210
曹阳	女	科长	23546788	23546789	yang@yahoo.com	天津市河西区紫金山路90号	200059	天津市南开区鞍山西道55号	300210
车海艳	女	科长	23445609	21345678	cody@hotmail.com	天津市河西区友谊路64号	300055	天津市南开区鞍山西道56号	300210
陈海波	女	科长	23318907	22345678	tom@eyou.com	天津市河东区流水道88号	300061	天津市南开区鞍山西道57号	300210
陈海卫	女	科长	26357901	23345678	daivy@163.com	天津市河东区红星路33号	300063	天津市南开区鞍山西道58号	300210
陈红	女	总裁	24563190	23445678	torisa@eyou.com	天津市虹桥区新开路220号	302160	天津市南开区鞍山西道59号	300210
陈建华	女	总裁	34560921	59587640	maurise@yahoo.com	天津市东丽区北马路586号	377033	天津市南开区鞍山西道60号	300210
陈军	女	总裁	34562178	59587850	judy@163.com	天津市南开区鞍山西道870号	200010	天津市南开区鞍山西道61号	300210
陈军	男	总裁	44589021	25246789	sabra@sohu.com	北京市海淀区二里庄8337信箱	500040	天津市南开区鞍山西道62号	300210
陈文靖	男	部门主管	88903214	25266789	wen@tom.com	北京市海淀区知春路49号西格玛中心6层	500044	天津市南开区鞍山西道63号	300210
陈星	男	部门主管	88706531	25284905	xing@sina.com	北京市海淀区库西路56号	500041	天津市南开区鞍山西道64号	300210
陈志淳	男	部门主管	60604321	21346780	zhi@hotmail.com	北京市太平路23号西173信箱	500042	天津市南开区鞍山西道65号	300210
谌勋	男	部门主管	70705421	34365421	xun@163.com	北京市东城区东四十条94号	500141	天津市南开区鞍山西道66号	300210
程波	男	部门主管	80806547	34567890	bobo@sina.com	北京市太平路23号西173信箱	500142	天津市南开区鞍山西道67号	300210
程虎	男	主任	80806531	86543210	tiger@tom.com	北京市海淀区二里庄833信箱	500052	天津市南开区鞍山西道68号	300210
程锦周	男	主任	80805759	11234560	jingzhou@sina.com	北京市海淀区库西路30号	500055	天津市南开区鞍山西道69号	300210
程军	男	主任	80809643	23258901	junjun@163.com	北京市海淀区知春路49号西格玛中心22层	500033	天津市南开区鞍山西道70号	300210
楚斌	男	主任	80804231	23415678	wenny@163.com	北京市海淀区二里庄8337信箱	522100	天津市南开区鞍山西道71号	300210
邓玲	女	主任	25275050	23789801	teen@maurice.com	北京市东城区东四十条94号	200341	天津市南开区鞍山西道72号	300210
邓延利	女	处长	27284105	98076543	teen@maurice.com	北京市海淀区库西路56号	200341	天津市南开区鞍山西道73号	300210
丁文秀	女	处长	23458970	78906012	teen@maurice.com	上海市朝阳区	200341	天津市南开区鞍山西道74号	300210

图12-2　拥有客户信息的Excel表格

小虾：我用得着的只有客户姓名。

张卓：那我就来教你如何利用这份Excel表格来批量制作邀请函！

12.2　邮件合并制作邀请函

我们已经学过11堂课了，有一个选项卡(或称功能区)到现在还没有讲过，那就是“邮件”选项卡，如图12-3所示。邮件合并功能就位于该选项卡内。

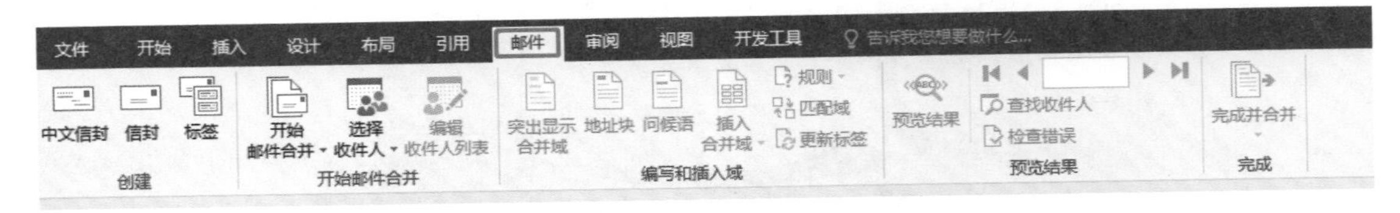

图12-3　“邮件”选项卡

第一步：在“邮件”选项卡中单击“开始邮件合并”组中的“选择收件人”下拉按钮，在弹出的下拉列表中选择“使用现有列表”选项，如图12-4所示。

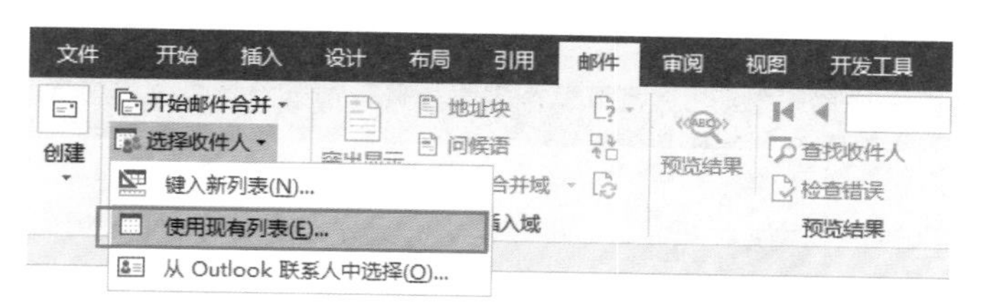

图12-4　选择收件人

那么，这个“现有列表”是谁呢？就是我们刚才提到的那个Excel表格！

第二步：找到“副本客户名单”这个表格，然后单击“打开”按钮。

第三步：如图12-5所示，出现了3个Sheet，让我们进行选择。客户信息是在Sheet1表格中，所以选择Sheet1。

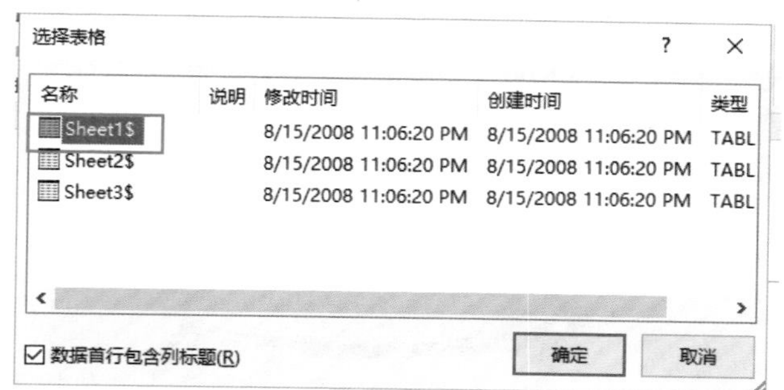

图12-5　数据源Excel文件中的3个Sheet

第四步：单击“确定”按钮。

此时在“邮件”选项卡中，右侧的一些按钮已经被“点亮”(激活)了，如图12-6所示。

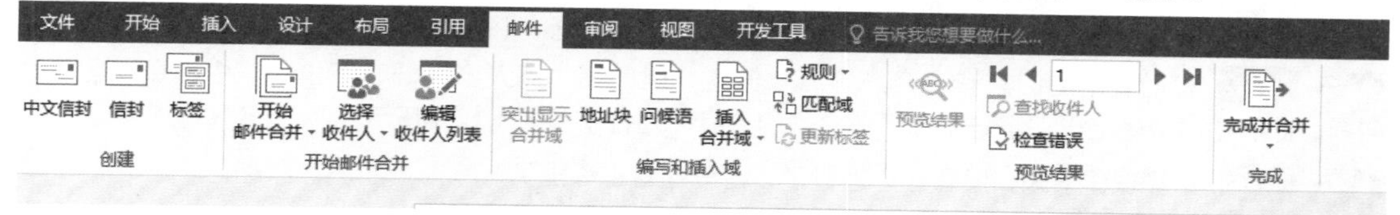

图12-6　被“点亮”的“邮件”选项卡

第五步：如图12-7所示，我们在邀请函里把“姓名”两个字选中，然后在“邮件”选项卡中单击“编写和插入域”组中的“插入合并域”下拉按钮，在弹出的下拉列表中你会发现其中列出了很多的内容。

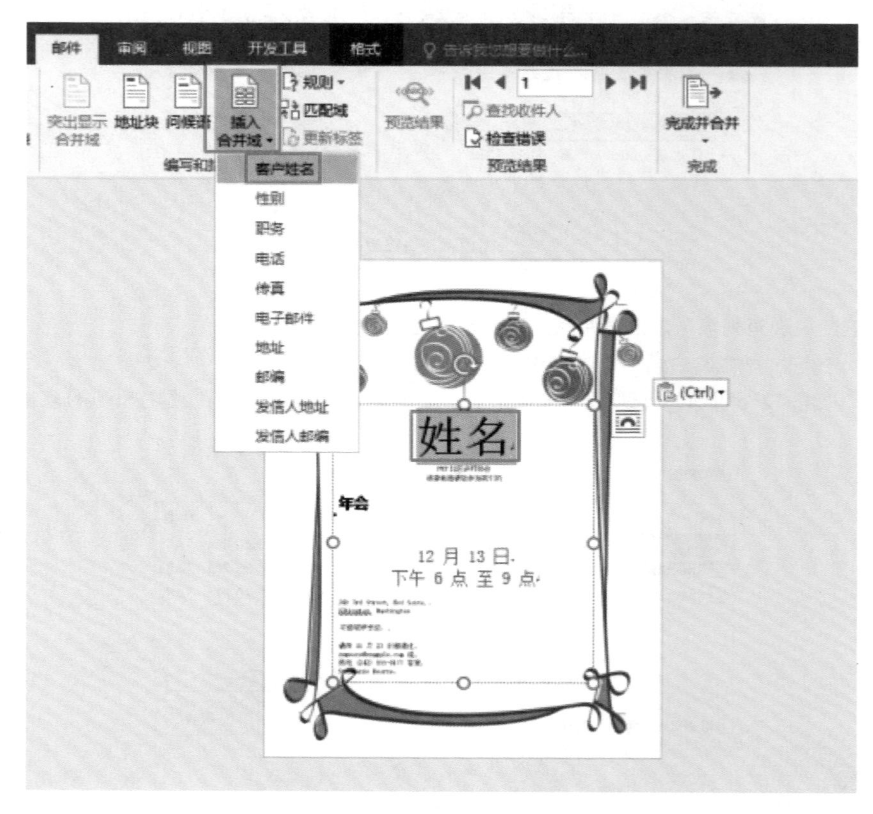

图12-7　插入合并域

张卓：这些内容就是刚才我们那个Excel表格的标题行，对不对？

小虾：嗯。

张卓：我们要用到的只有“客户姓名”信息，因此在“插入合并域”下拉列表中选择“客户姓名”。此时在邀请函上出现了一个加了书名号的“客户姓名”，如图12-8所示。

小虾：这样操作下来，没有客户姓名了，客户姓名去哪里了？

张卓：现在关键时刻来了。

图12-8　加了书名号的“客户姓名”

第六步：如图12-9所示，在“邮件”选项卡中单击“预览结果”组中的“预览结果”按钮，此时你就会看到第一个人的名字出现了。

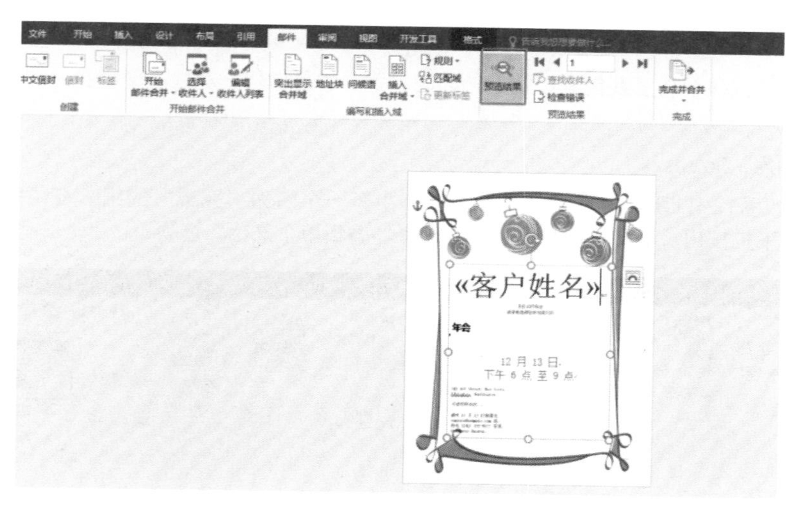

图12-9　单击“预览结果”按钮

第七步：如图12-10所示，在“预览结果”组中单击“下一记录”按钮，你会发现所有的人名都依次显示出来了。

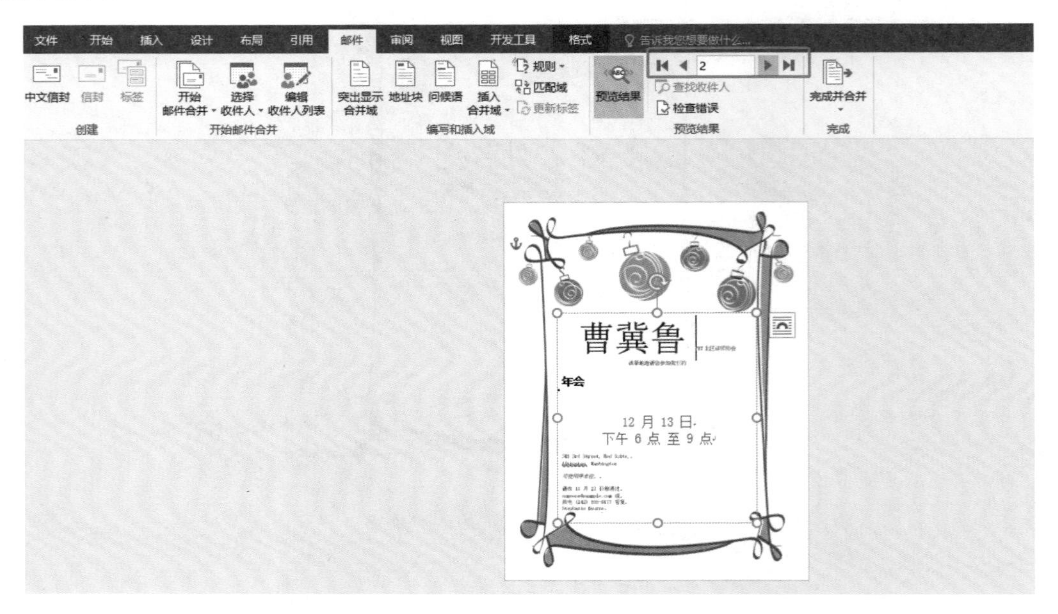

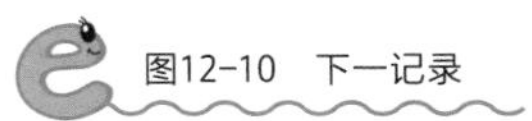
图12-10 下一记录

小虾：您这只是解决了我复制、粘贴的问题，我要的是如何一次性、毫不费力地快速生成所有的邀请函？

张卓：别急，So easy。

第八步：如图12-11所示，在“邮件”选项卡中有一个名为“完成”的组，在“完成”组中单击“完成并合并”下拉按钮，在弹出的下拉列表中选择“编辑单个文档”选项。

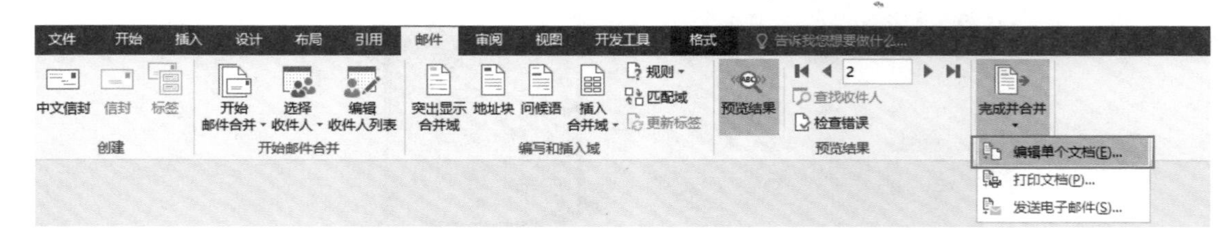

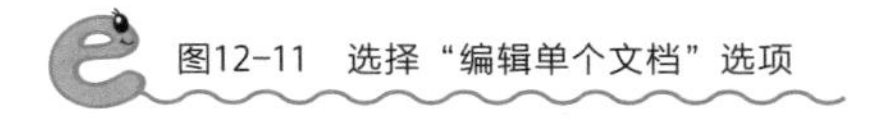
图12-11 选择“编辑单个文档”选项

如果你有打印机的话，也可以选择“打印文档”选项，这时打印机就会把每一个人的邀请函逐份打印出来。

第九步：在弹出的对话框中单击“确定”按钮，Word就会生成一个新的文档，这个文档包含了刚才所有的邀请函，并且每一个人独立一页。至此，我们已经迅速地把所有人的邀请函都做出来了，如图12-12所示。

图12-12　多个人的邀请函

张卓：现在只要批量打印就行了。

小虾：那这个“邮件合并”功能还能批量制作其他文档吗？

张卓：当然了！ 会议席卡也可以这么操作。

一场500人的会议，要给每个参与会议的人的位置上摆放席卡，难不成我们要手动操作打印500次吗？不存在的，Word已经帮你想好这个问题的解决方法了，还是用“邮件合并”功能。

12.3 用“邮件合并”快速制作席卡

民间常用的做法是，先把文档分为上、下两部分，在上面的部分添加一个文本框，把与会人员姓名输入其中；然后将刚才添加的文本框复制到下半部分，输入相同的人名；接着旋转文本框，给人名来一个180°转弯，头朝下；最后打印出来，再对折。

这个过程虽然没有问题，但这样让你在短时间内做500张是完全不可能的！

正确的做法应该是利用“邮件合并”功能进行批量操作。

第一步：在“布局”选项卡中单击“页面设置”组中的“纸张方向”下拉按钮，在弹出的下拉列表中选择“横向”选项，如图12-13所示。

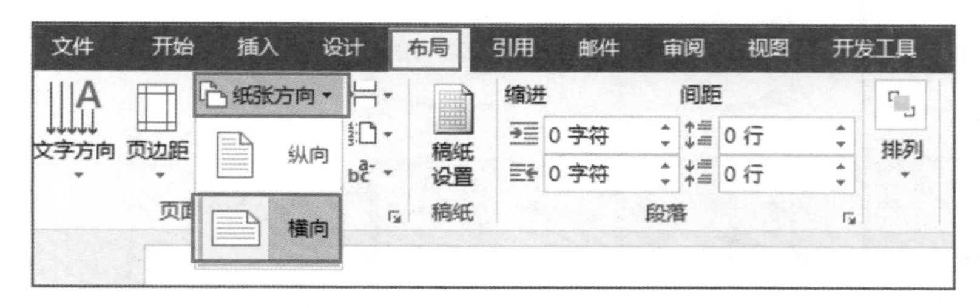

图12-13 改变纸张方向

第二步：如图12-14所示，在左边插入一张图片(这是一个席卡的边框)，然后把图片的“环绕方式”改成“四周型”，这张图片就可以任意移动了，而且不受页面排版的影响。

第三步：在左边的边框内插入“竖向文本框”，然后输入“姓名”两个字，放大字号到合适的状态，单击“居中”按钮，接着在“布局”选项卡中把“文字方向”设置成“将所有文字旋转90°”，如图12-15所示。

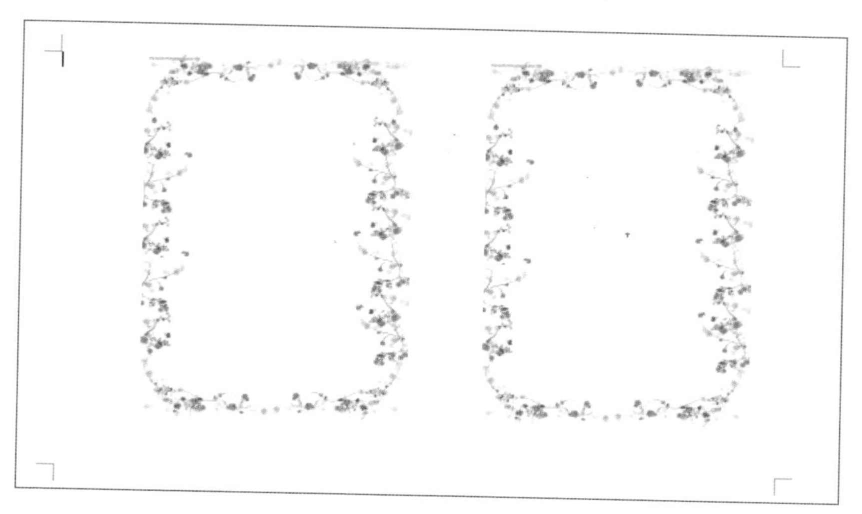

图12-14　席卡边框

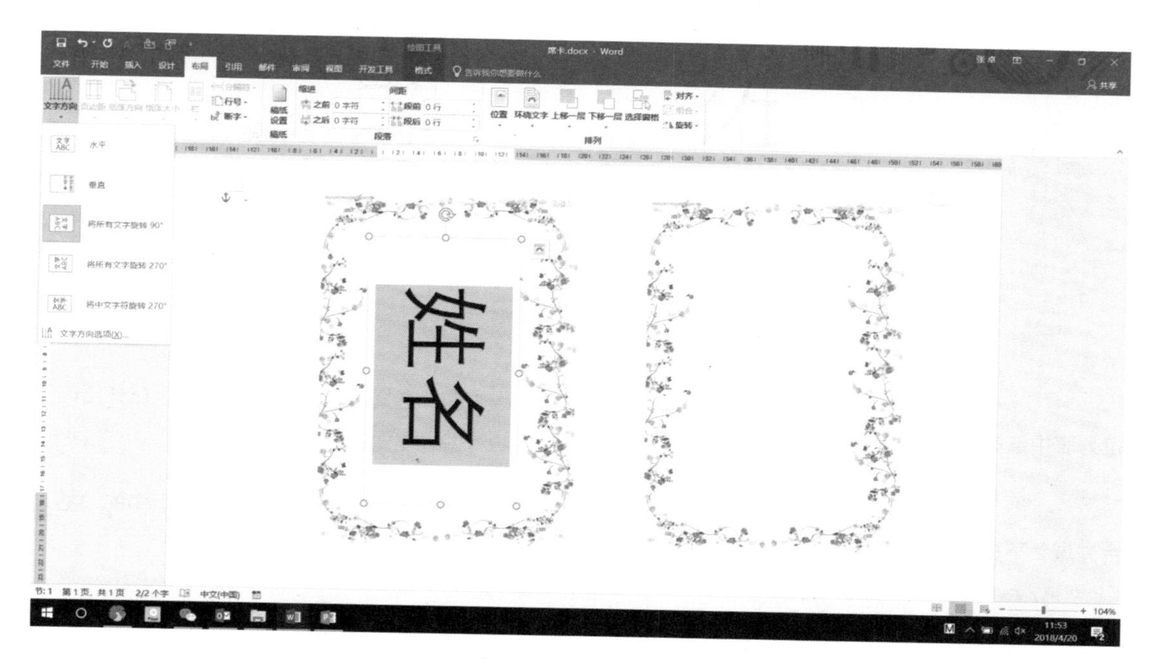

图12-15　插入“姓名”

同理，在右边的区域选中文字，在“布局”选项卡中把“文字方向”设置为“将所有文字旋转270°”。

我们一定要把“文本框”的边框设置为无色。如果“姓名”外面有黑框，那可惨了。

第四步：如图12-16所示，席卡的源文档已经准备完毕了，接着就要开始“邮件合并”操作了。

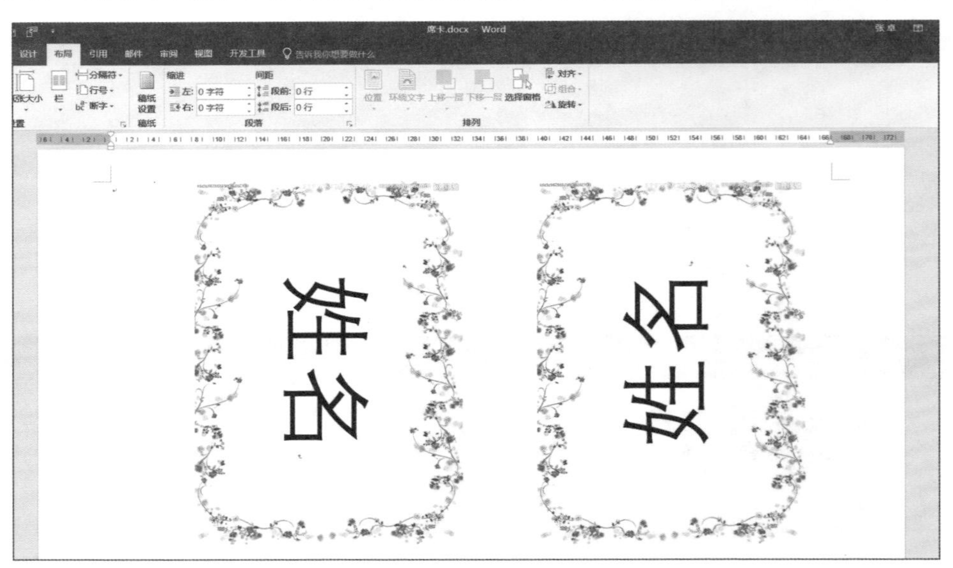

图12-16　席卡源文件

第五步：在“邮件”选项卡中单击“开始邮件合并”组中的“选择收件人”下拉按钮，在弹出的下拉列表中选择“使用现有列表”选项。

第六步：找到名单文件，单击“打开”按钮。

第七步：选中文本框中的“姓名”二字，在“邮件”选项卡中单击“编写和插入域”组中的“插入合并域”下拉按钮，在弹出的下拉列表中选择“姓名”选项。

第八步：对右边的区域进行同样的操作。

第九步：单击“预览结果”按钮，然后单击“完成并合并”下拉按钮，在弹出的下拉列表中选择“编辑单个文档”选项，在弹出的对话框中单击“确定”按钮。

张卓：现在，500张席卡就已经批量出现了，搞定！

小虾：但你并没有解决我的问题，我的问题是如何高效、快速地发送海量名单的邮件！

12.4 如何快速地批量发送邮件

张卓：我刚刚使用“邮件合并”功能迅速完成了成百上千份邀请函的制作，读者们多加练习，往后再做这件事一两分钟就能搞定了。但是，你可能会说现在是一个强调无纸化办公的时代，把邀请函打印出来，再发快递出去的话，那岂不是既不环保成本又高，能不能发电子邮件呢？

答案自然是——没问题！

你是否还记得在刚才那个“客户副本名单”Excel表格里还有一列数据是这些客户的E-mail地址？我们可以选择表格中的E-mail地址，通过发送电子邮件的方式来发送邀请函。

我发现有很多机构发送出来的邀请函都有一个特点，那就是“收件人”里什么信息都没有。我猜想是它们把收件人的E-mail地址都一次性粘贴到“密件抄送”中了，然后才发送的。这样的邮件并不能够引起收件人的重视，因为每一个收件人都感觉这个邮件是群发出来的。

你一定会问，“邮件合并”功能能够实现一对一的邮件群发吗？因为只有这样的方式才能让收件人感到被重视。

记得刚刚我们把邀请函制作完成以后，最后一步单击“完成并合并”下拉按钮，在弹出的下拉列表中有个“发送电子邮件”选项(如图12-17所示)吗？

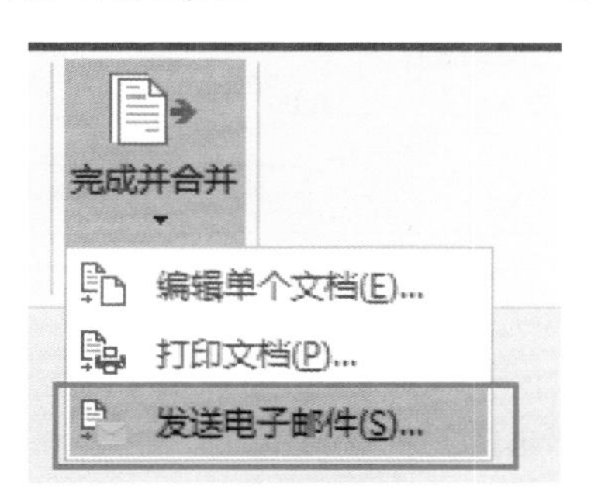

图12-17 “发送电子邮件”选项

选择“发送电子邮件”选项，在弹出的“合并到电子邮件”对话框中单击“收件人”右侧的下拉按钮，在弹出的下拉列表框中选择“电子邮件”选项，如图12-18所示。

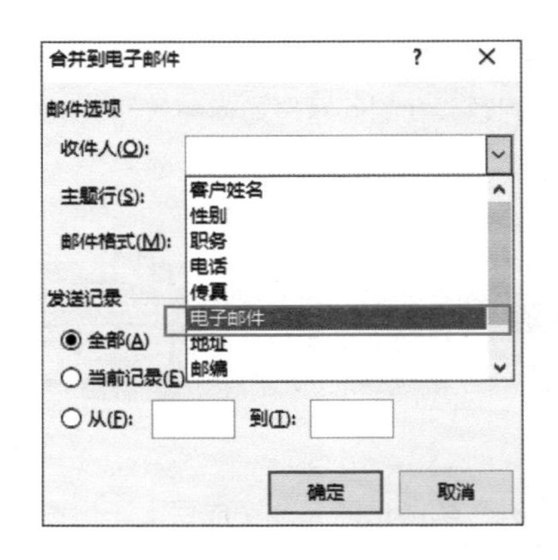

图12-18　“合并到电子邮件”对话框

张卓：这其实就是Excel数据源中“电子邮件”那一列。在“主题行”文本框中输入“年会邀请”，如图12-19所示。

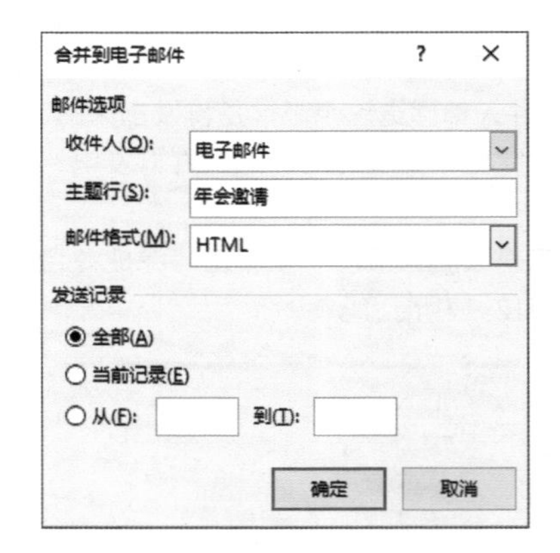

图12-19　主题行

接下来，还可以对邮件格式进行选择。

如果希望邀请函以“附件”的形式发送给对方，就选择“附件”；如果希望邀请函显示在正文中，则选择HTML。在此选择HTML，然后单击“确定”按钮。

神奇的事情发生了，你会发现屏幕上显示的文档中人的名字正在一个一个地改变，实际上是因为我们正在一封一封地发送邮件。

小虾：你从哪里可以看出来呢？

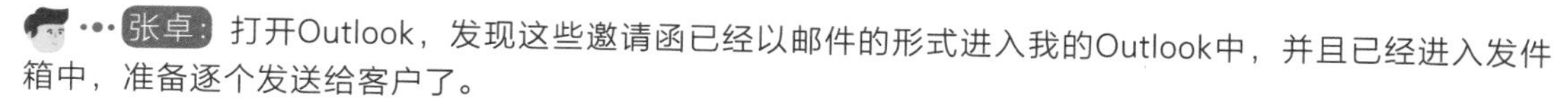
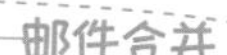

张卓：打开Outlook，发现这些邀请函已经以邮件的形式进入我的Outlook中，并且已经进入发件箱中，准备逐个发送给客户了。

把这个邮件打开，你会发现这封邮件的收件人仅仅是这个客户本人，而并没有出现一次抄送给很多人的情况。所以，收件人会看出来，这封邮件是单独给他一个人发送的，而不是群发的。而实际上，我们在操作的时候就是群发的。这样既省时间又省力，还能给客户留下很好的印象。

12.5　批量制作工资条的小妙招

小虾：师父，我每个月都要制作工资条，是不是也可以这样做呢？

张卓：聪明，会举一反三了！当然是可以的！批量制作工资条，怎么做呢？

如图12-20所示Excel表格是2017年4月公司员工的工资表，如果想把它放到Word文档中，并且以邮件的形式点对点地发送，此时就可以这样做。**前提是，Excel表格中必须有员工E-mail地址信息。**

姓名	职务	Email地址	年	月	基本工资	交通补贴	奖励工资	总计
李市芬	部门经理	caiman@sina.com	2017	4	6200	200	1500	7900
王号弥	业务员	cao@sohu.com	2017	4	7500	400	3000	10900
周兰亭	会计	ning@eyou.com	2017	4	6500	200	1300	8000
程丽	文秘	yang@yahoo.com	2017	4	6500	200	1300	8000
胡委航	工程师	cody@hotmail.com	2017	4	6500	200	1300	8000
郑同	高级工程师	tom@eyou.com	2017	4	6700	200	1300	8200
马品刚	部门经理	daivy@163.com	2017	4	7000	400	1300	8700
张思意	业务员	torisa@eyou.com	2017	4	6300	200	1300	7800
李东梅	出纳	maurise@yahoo.com	2017	4	6500	200	1300	8000
常承	工程师	judy@163.com	2017	4	7000	400	1230	8630
王登科	业务员	sabra@sohu.com	2017	4	6200	200	1420	7820
吴风	部门经理	wen@tom.com	2017	4	7000	400	1450	8850

图12-20　员工工资表

第一步：在“邮件”选项卡中单击“开始邮件合并”组中的“选择收件人”下拉按钮，在弹出的下拉列表中选择“使用现有列表”选项。

第二步：找到员工工资表所在工作簿，单击“打开”按钮，在弹出的“选择表格”对话框中选择员工工资表所在的表格Sheet1，然后单击“确定”按钮。

第三步：在Word中选中“姓名”两个字，这里的“姓名”两个字是为了提醒此处是插入“姓名”这个域的。

第四步：在“邮件”选项卡中单击“编写和插入域”组中的“插入合并域”下拉按钮，在弹出的下拉列表中选择“姓名”；然后选择“月份”，再插入“月份”的合并域；接着按照同样的方法把剩下的部分全部完成。

插入完毕后，单击“预览结果”按钮，就会看到第一个人的工资条出现了。在“预览结果”组中单击“下一记录”按钮，每一个人的工资条就自动生成了。

此时单击“完成并合并”下拉按钮，在弹出的下拉列表中选择“发送电子邮件”选项，就能够让每一个人都收到属于自己的那一份邮件了。

注意

这里关于发送邮件的功能，需要跟大家强调一下的是，你必须安装微软的Outlook软件，才能实现Word邮件合并中的“发送电子邮件”功能，因为此时发送电子邮件必须以Outlook为客户端才可以，而其他邮箱暂时不支持这个功能。

小虾：如果这样将工资条打印出来，每个人拿一整张纸岂不是很浪费？有没有办法将多张工资条打印在一张纸上呢？

张卓：No problem。

首先“取消”预览结果，然后在“邮件”选项卡的“编写和插入域”组中单击“规则”下拉按钮，在弹出的下拉列表中选择“下一记录”选项，如图12-21所示。

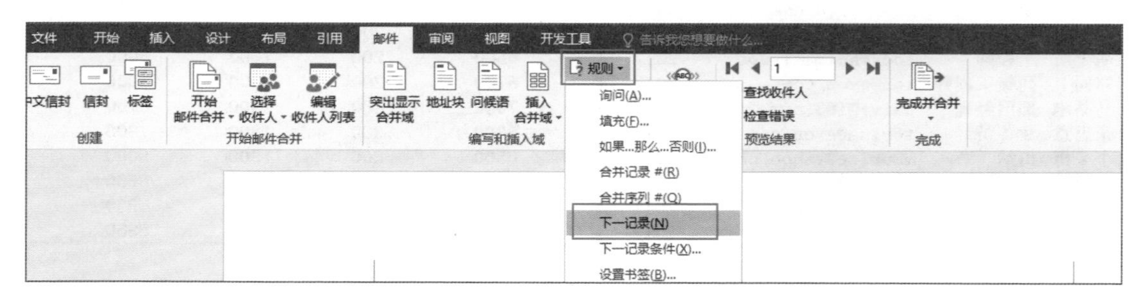

图12-21 选择“下一记录”选项

这就意味着，如果下面还有一个表格，那这个表格里填写的就是下一个人的信息了。

接下来，把整个信息直接复制一下，然后向下粘贴(记得要把“下一记录”也一起粘贴出来)，如图12-22所示。

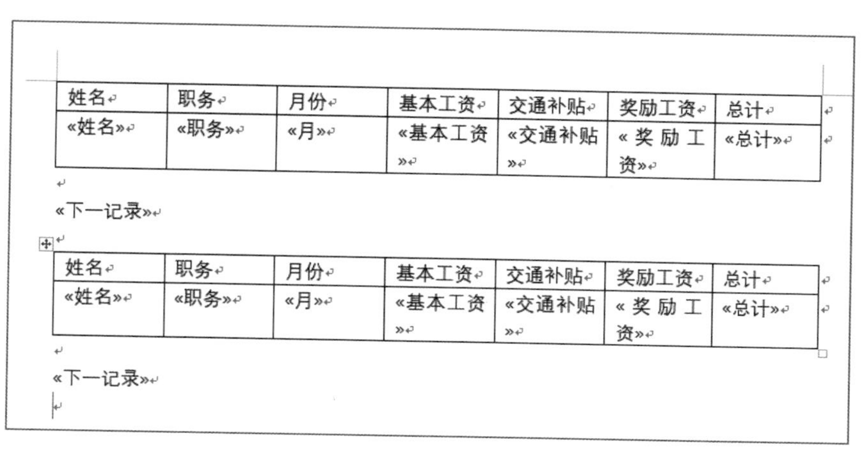

姓名	职务	月份	基本工资	交通补贴	奖励工资	总计
«姓名»	«职务»	«月»	«基本工资»	«交通补贴»	«奖励工资»	«总计»

«下一记录»

姓名	职务	月份	基本工资	交通补贴	奖励工资	总计
«姓名»	«职务»	«月»	«基本工资»	«交通补贴»	«奖励工资»	«总计»

«下一记录»

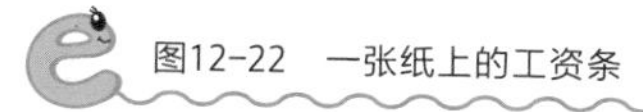

图12-22 一张纸上的工资条

这样在一张纸上就能够显示两张工资条信息。单击“预览结果”按钮，两个人的工资信息就出现在一个新建的文档中了，如图12-23所示。

姓名	职务	月份	基本工资	交通补贴	奖励工资	总计
李市芬	部门经理	4	6200	200	1500	7900

姓名	职务	月份	基本工资	交通补贴	奖励工资	总计
王号弥	业务员	4	7500	400	3000	10900

图12-23 工资条

如此继续操作，再把字号还有表格大小再缩小一点，就可以在同一张纸上打印多个人的工资信息了。

小虾：师父，如果要做个员工的胸牌，其中带有图片，“邮件合并”功能可以批量操作吗？

张卓：Of course。

12.6 带图片的邮件合并

张卓：刚才讲的例子里，我们所有的邮件合并操作针对的都是文字信息。如果出现需要加入图片的情况，比如员工的胸牌等，该如何操作？“邮件合并”功能可以帮助我们合并图片，只是要多做几步，才能将图片加入文档中。

12.6.1 准备工作

张卓：首先，我们要把图片以及Excel表格放在同一个文件夹里，并且在Excel表格中，人名后面必须带有这张图片的“文件路径名”。建议大家把图片的文件名用数字1、2、3……来编号，以方便输入，如图12-24所示。

图12-24　图片文件名

将图片以数字编号后，在Excel表格中把每一张图片的路径名都填写进来(编号的好处是只需填写第一张图片的路径名，接下来一填充就完成了)，如图12-25所示。这时就已经做好了对图片进行邮件合并的全部准备工作了。

名单	照片
谢怡	E:\公众号\张卓\Word书\第11课\带图片的邮件合并\pic\1.jpg
雪莹	E:\公众号\张卓\Word书\第11课\带图片的邮件合并\pic\2.jpg
布丁	E:\公众号\张卓\Word书\第11课\带图片的邮件合并\pic\3.jpg
邓楠	E:\公众号\张卓\Word书\第11课\带图片的邮件合并\pic\4.jpg
小涵	E:\公众号\张卓\Word书\第11课\带图片的邮件合并\pic\5.jpg
如花	E:\公众号\张卓\Word书\第11课\带图片的邮件合并\pic\6.jpg

图12-25　图片路径

12.6.2 开始带图片的邮件合并

第一步：如图12-26所示，打开模板，在“邮件”选项卡中单击“开始邮件合并”组中的“选择收件人”下拉按钮，在弹出的下拉列表中选择“使用现有列表”选项。接下来，找到这个Excel表格所在工作簿，单击“打开”按钮，在弹出的“选择表格”对话框中选择其所在工作表Sheet1。

图12-26　模板

第二步：我们需要把名字填在牌面，这跟前面介绍的基本的邮件合并操作是没有区别的。选中姓名部分，单击“插入合并域”下拉按钮，在弹出的下拉列表中选择“名单”选项。现在的难点在于我们如何让图片也能跟着名字来更换。

需要进行以下操作。

（1）先把光标定位在要插入图片的那个位置。

（2）如图12-27所示，在“插入”选项卡中单击“文档部件”下拉按钮，在弹出的下拉列表中选择“域”选项。

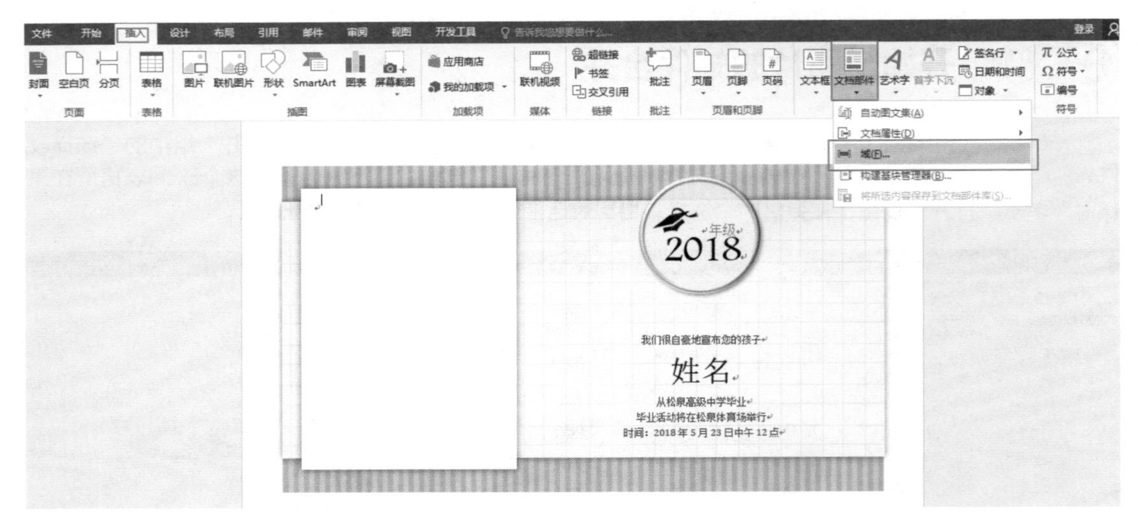

图12-27　选择"域"选项

（3）打开"域"对话框，在"域名"列表框中选择IncludePicture（顾名思义，很显然就是包含图片的意思）；在"文件名或URL"文本框中可以先用一个简短的词语来代替，因为等一会儿这部分将用"插入合并域"来代替，所以先输入PIC；然后单击"确定"按钮，如图12-28所示。

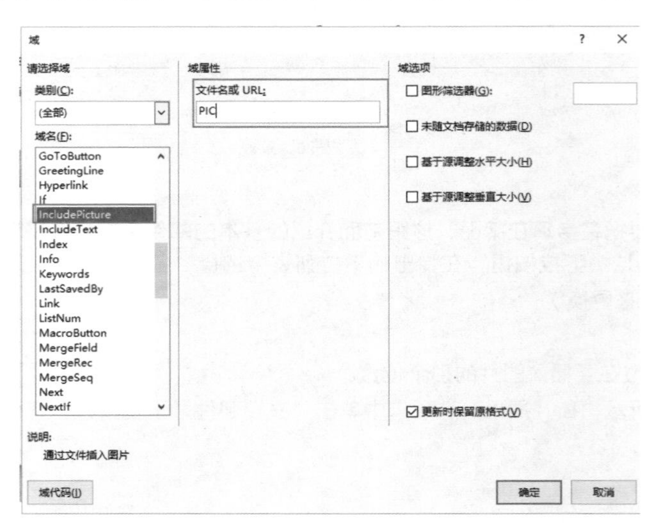

图12-28　"域"对话框

（4）接下来，按Alt+F9组合键进入“域”的编辑状态，将PIC三个字母删掉。

（5）让光标“定位”在这儿不动，在“邮件”选项卡中单击“编写和插入域”组中的“插入合并域”下拉按钮，在弹出的下拉列表中选择“照片”选项，此时照片信息就被“合并”进来了。

（6）再次按Alt+F9组合键，退出“域”的编辑状态。

第三步：单击“预览结果”按钮，就会发现头像照片已经被插入到文档中了，如图12-29所示。在“预览结果”组中单击“下一记录”按钮，你会发现下一个人的信息也出现了！

图12-29　预览结果

如果发现图片信息更新有点儿缓慢，可以按F9键来刷新。至此，就完成带图片的“邮件合并”了。

小虾：厉害了！到今天我才发现Word竟然还能如此操作，真的是见证了奇迹时刻。

今天我们学习了邮件合并，这下你知道工资条、席卡等需要批量打印的文档是怎么做出来的了吧？以后可千万不要再犯傻，一个一个地输入了。这12节课的内容，大家有没有勤于练习，多多实践呢？如果学过之后再认真完成每节课的课后作业，之后Word的使用效率一定会提升不少。如果光看不练，再好的内容也等于零。

课后小结

在“邮件”选项卡中，先“插入现有列表”，再“插入合并域”，就可以通过原有列表飞快生成多份带有不同名字的文档。同时，还可以在文档中添加图片，让图片随着名字发生变化。

课后作业

1. 下载课堂资料，制作公司每个人的工资条。
2. 下载课堂资料，尝试做一份带有图片的毕业证书。

第13课　你不知道但很实用的功能

师父，救命啊！我又碰到问题了！我整理的工程标书中的公式怎么都打不出来，我搜索了半天都搞不定。我相信师父您比较厉害，快点教教我！

小虾

那么本节课就教你一些非常实用但你还不知道的Word功能！

13.1 输入 $\lim\limits_{x\to\infty}(\sin\sqrt{x+1}-\sin\sqrt{x})$ 这样的公式其实很简单

张卓：$\lim\limits_{x\to\infty}(\sin\sqrt{x+1}-\sin\sqrt{x})$ 这样一个公式，可能你在试卷或其他一些文字资料里见过，但一旦要你自己来做，尤其是在Word软件中，要如何来输入这些信息呢？

第一步：在“插入”选项卡中单击“公式”下拉按钮，在弹出的下拉列表中系统内置了一些我们常用的公式，如图13-1所示。

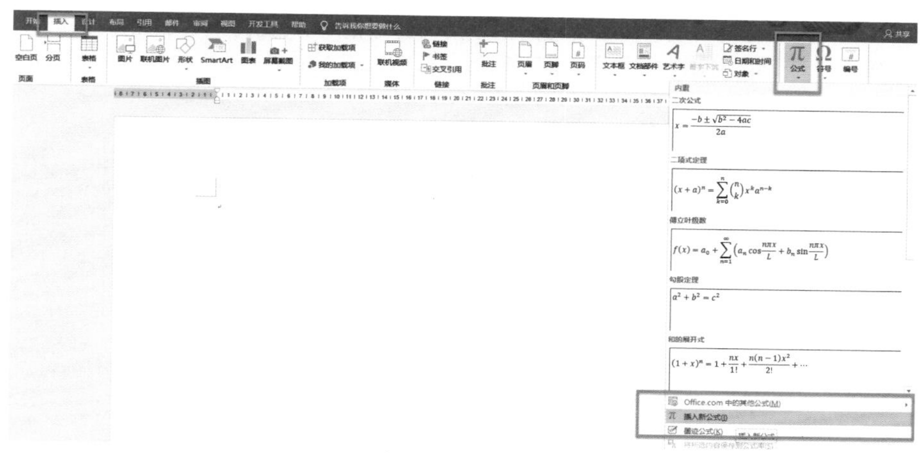

图13-1　插入公式

第二步：选择下方的“插入新公式”选项，可以看到在Word界面的顶部出现了一个名为“公式工具|设计”的选项卡，在其下你可以找到几乎所有公式的图标文字，以及运算的结构，如图13-2所示。

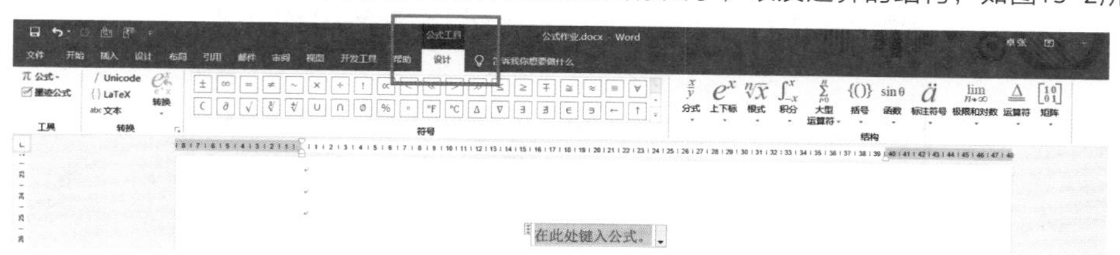

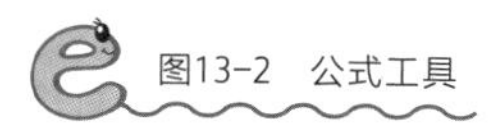

图13-2　公式工具

第三步：在“结构”组中单击“极限和对数”下拉按钮，在弹出的下拉列表中选择lim，如图13-3所示。

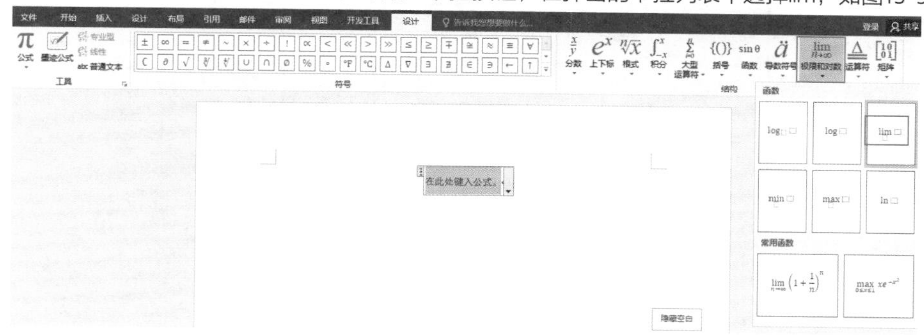

图13-3　在“极限和对数”下拉列表中选择lim

第四步：lim上下各有一个框，在下方的框中我们需要输入x到无穷大。在此直接输入x，再输入一个箭头。在“公式工具|设计”选项卡下的“符号”组中，也可以找到左箭头以及无穷大的图标，如图13-4所示。

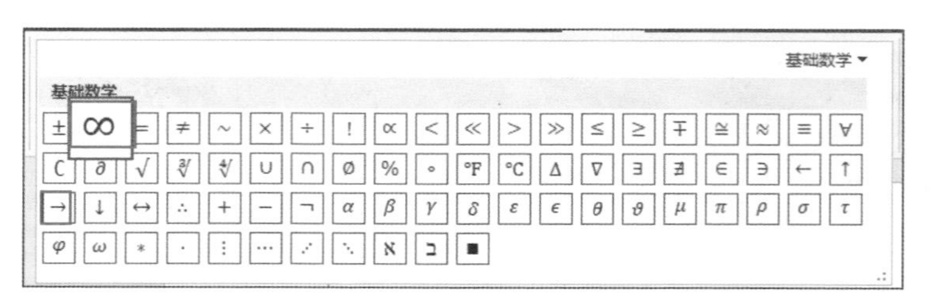

图13-4　“符号”组

第五步：接下来，输入括号内的结构。在“结构”组中单击“函数”下拉按钮，在弹出的下拉列表中选择三角函数sin，如图13-5所示。

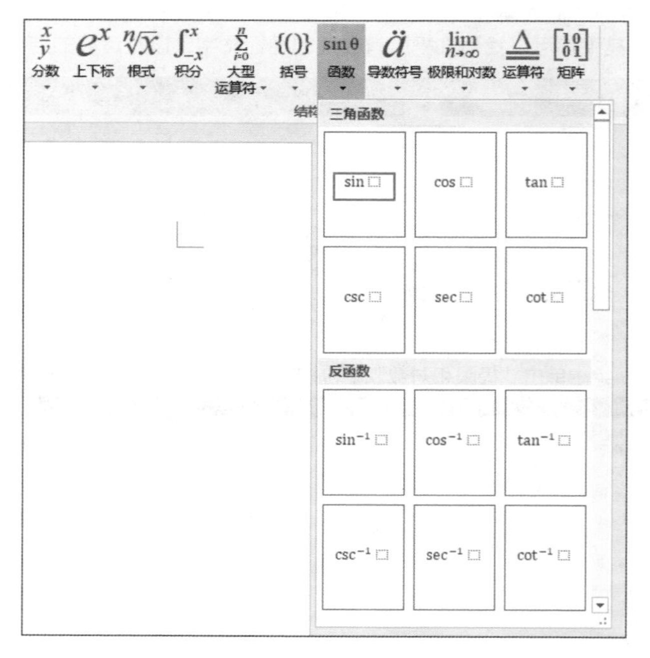

图13-5　选择三角函数sin

第六步：开二次方。在“结构”组中单击“根式”下拉按钮，在弹出的下拉列表中选择$\sqrt{\square}$（如图13-6所示），在中间的框中输入x+1。然后把光标移动到灰色区域外，输入减号。

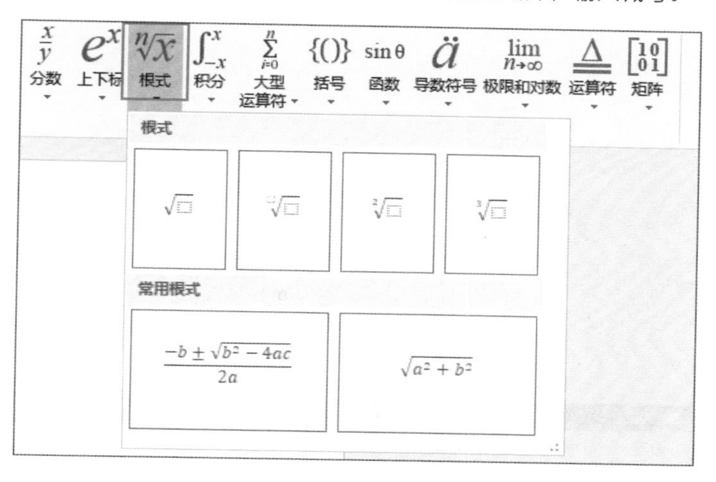

图13-6 根号

第七步：重复第五步和第六步的操作，输入$\sin\sqrt{x}$。

第八步：最后单击旁边的空白处退出编辑，公式就输入完成了。

张卓：看上去有些麻烦，但是编辑后还是挺好看的。其实还有一种更快的方法，但是这种方法对设备有一定的要求。这就要用到Word的“墨迹识别”功能。

刚才我们是用鼠标来选取公式的每一个符号，这个过程依然比较复杂。如果你的笔记本电脑具有手写功能，屏幕类似于Pad，是可以触摸的，则可以在“公式工具|设计”选项卡中单击“工具”组中的“墨迹公式”按钮，如图13-7所示。

图13-7 墨迹公式

张卓：什么叫墨迹呢？就是你可以直接用手写板来手写公式。例如，在手写板上手写一个$\lim\limits_{x\to\infty}$，Word会自动识别你输入的内容，并且把它转化成你想要的公式，如图13-8所示。

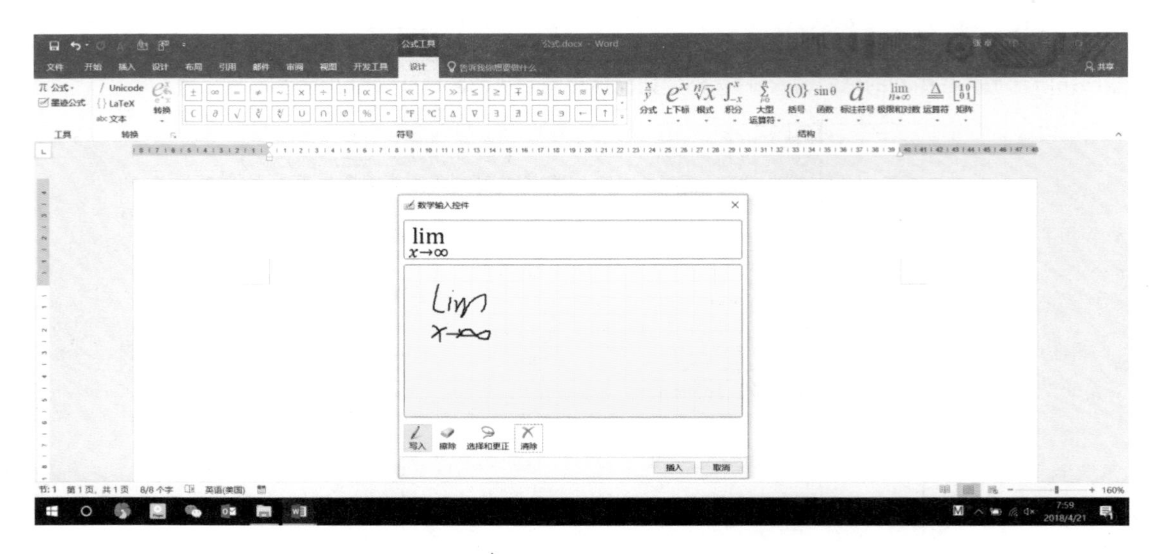

图13-8　墨迹公式转换

13.2　5种线条和公文

小虾：师父，我要写份公文，但是线条一直整理不好，老板给我退回来一次又一次。

张卓：简单！

大家对公文一定不陌生吧？通常我们看到的公文如图13-9所示，在标题下方有一条横线，这是如何产生的呢？

XXXX 大学 XX 学院团委文件

XX 团委[2016]7 号

XX 学院团委关于解决举办爱心义卖活动

经费的请示

图13-9　标题下方的横线

大家记住一个小技巧，当你输入公文标题后，如果希望下面出现一条单横线，可以如下操作。

第一步：先按下Enter键，使光标移到下一行的最左边。

第二步：直接在键盘上输入“---”。

第三步：按Enter键。

这时横线就自动出现了。

如果希望是双横线，该如何做呢？

直接输入3个“===”，再按Enter键，双横线就出现了！

如果希望横线是红色的，该如何做呢？

第一步：选中横线上方的段落标记，注意是要把它选中。

第二步：单击“段落”组中的“边框”下拉按钮，在弹出的下拉列表中选择“边框和底纹”命令，如图13-10所示。

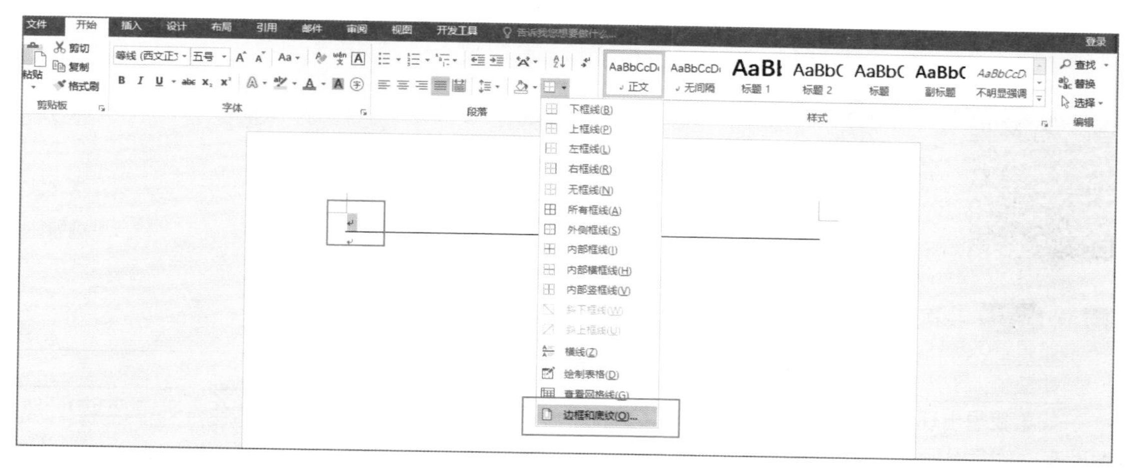

图13-10 边框和底纹

第三步：在弹出的“边框和底纹”对话框中把边框的颜色改为红色，单击“确定”按钮。

如果希望边框线加粗，可以在下方的“宽度”下拉列表框中选择边框的宽度，然后单击“预览”选项组中的这条线，单击“确定”按钮，此时边框就被加粗了，如图13-11所示。

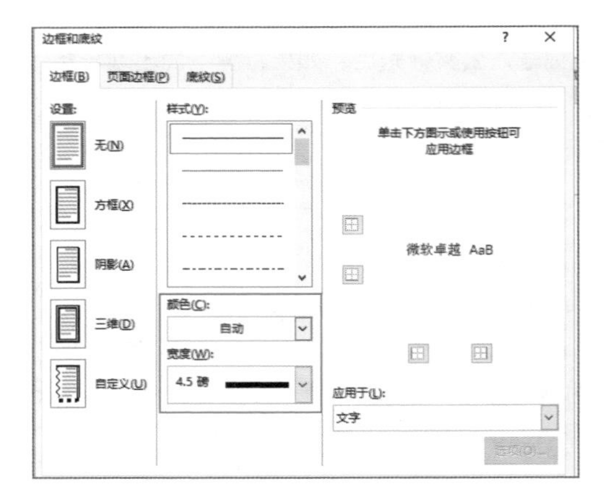

图13-11　调整宽度

13.2.1 5种横线的小技巧

张卓：我再传授给大家5种横线的小技巧。

如果输入3个“---”，就会出现一条单横线。

如果输入3个“===”，就会出现一条双横线。

如果我想出现一条波浪线，该怎么办呢？那我们就输入3个“~~~”(波浪符号就在数字1的左边)，然后回车，就会出现波浪线。

如果输入3个“###”，然后回车，会出现什么呢？会出现一条更粗的线条。

如果输3个“***”，然后回车呢？你会发现这时出现了装订线。

张卓：这都是一些快捷方式。输入这些符号后，在线条的左上角会出现一个名为“自动更正”的按钮，如图13-12所示。

还记得吗？这可是我们在第1节课的时候就跟大家分享过的。

图13-12　“自动更正”按钮

单击这个按钮，在弹出的下拉列表中选择“控制自动套用格式选项”选项，打开“自动更正”对话框，选择“键入时自动套用格式”选项卡，就会看到关于线条操作的一些自动更正选项，如图13-13所示。例如，在“键入时自动应用”选项组中有一个“框线”复选框，如果取消勾选该复选框，那么将来我们即便输入3个减号再回车，也不会出现大横线了。

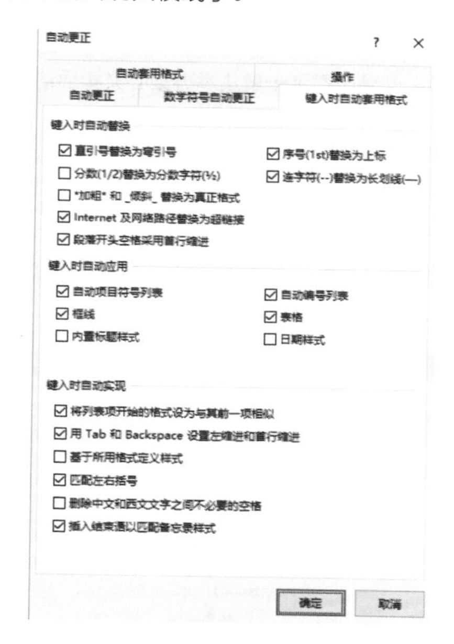

图13-13　“键入时自动套用格式”选项卡

13.2.2 双行合一

通常我们在公文中很容易看到“双行合一”的现象，什么叫双行合一呢？就是两行文字显示在一行内，如图13-14所示。

XX 大学 商学院/法学院 联合文件

XX 团委[2016]7 号

X 学院团委关于解决举办爱心义卖活动

经费的请示

图13-14　双行合一

在图13-15所示红头文件中，如果希望“建国以来若干问题”这几个字显示在双行，该如何操作呢？

XX 大学商学院法学院联合文件

XX 团委[2016]7 号

X 学院团委关于解决举办爱心义卖活动

经费的请示

图13-15　红头文件

把这几个文字选中，在“开始”选项卡中单击“段落”组中的“中文版式”下拉按钮，在弹出的下拉列表中选择“双行合一”选项，如图13-16所示。

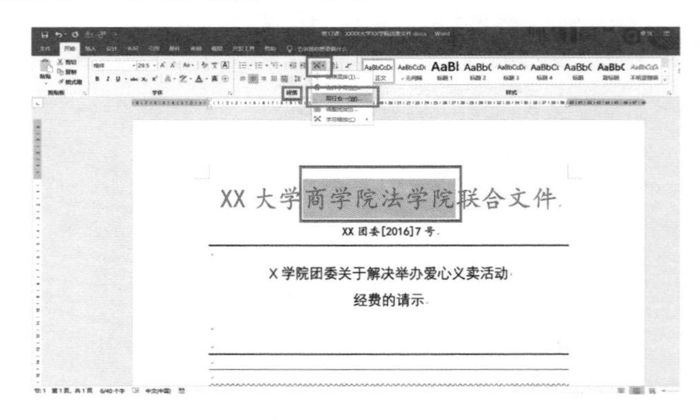

图13-16　中文版式

张卓：这样的情况大家应该见过吧？比如，国家统计局、国家审计局联合发的文就是这样的。

13.3　拼音指南

小虾：师父，我又需要帮助了！有没有给文档加拼音的方法？我侄儿要念唐诗《静夜思》，我得给他加上拼音，总不能手动添加吧？

张卓：嗯，这个问题确实会难倒很多人。不过，在Word软件中，你有时会遇到不会读的字。如图13-17所示3个字，我估计大家都不太会读，或者说不太确信。第一个字念什么呀？

囟　蕈　毜

图13-17　生僻字

小虾：可能念“囱”cōng或者“卤”lǔ，对吧？

张卓：第二个字念什么呢？你会不会猜它念“潭”tán呀?第三个字念什么？“毛”还是“小”？

当面对一个生僻字时，我们会习惯性地读这个字的一部分，可惜往往事与愿违，经常会读错。此时Word可以帮助你给这些字标注上拼音，超级简单，仅需点两下鼠标。

先把文字选中，在“开始”选项卡中单击“字体”组中的“拼音指南”按钮，如图13-18所示。

此时你会发现，读音显示出来了。

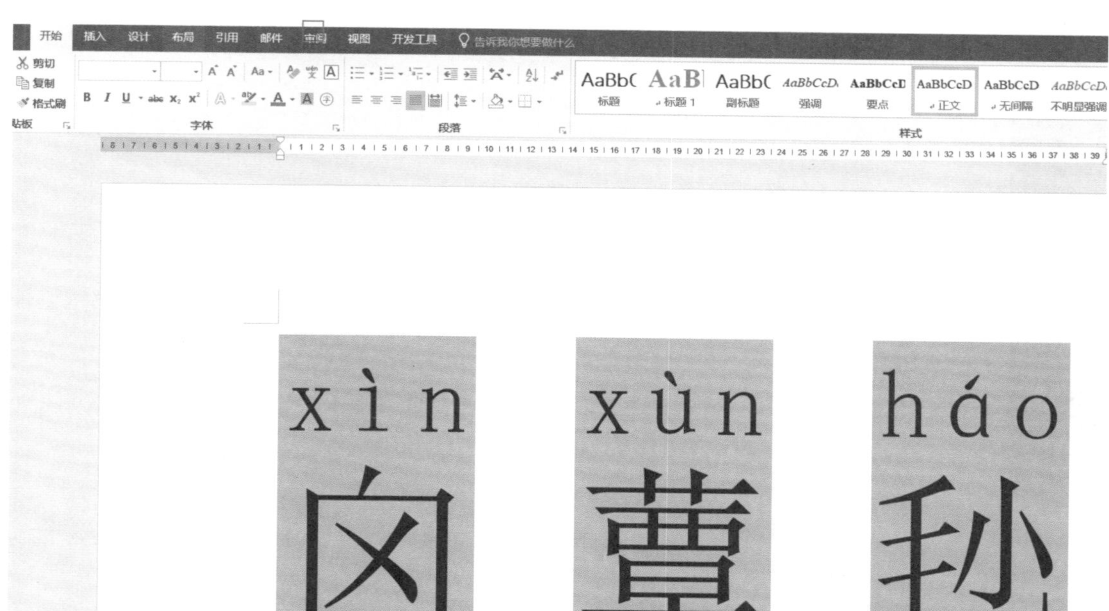

图13-18　单击“拼音指南”按钮

同样，如果你有外籍的同事，他们想用中文做一些演讲，或者用中文说一些句子，你也可以帮助他标注拼音啦。

拼音指南的前提。

如果在使用Word时单击了“拼音指南”按钮，却没有出现拼音，为什么？很有可能是你并没有安装“微软拼音输入法”！通常在安装完微软的Office软件后，会自动地加载微软拼音输入法，但是很多小伙伴会把这个输入法删除，以搜狗输入法或者讯飞输入法来代替。因此，如果你希望出现拼音功能，千万不要忘记去安装“微软拼音输入法”哦。

小虾：太赞了！

张卓：你的字写得太丑了，该练练字了！你是不是想说你没字帖？没时间去买？哈哈，Word有字帖！

小虾：什么？

张卓：其实“拼音指南”是一个非常有趣的功能。

比如，最近几年随着传统文化的复兴，我们有很多的小伙伴重新开始拿起毛笔练习书法， 他们的书法字帖其实都是使用Word制作的。那如何来操作呢？非常简单。

第一步：选择“文件|新建”命令，在右侧的“新建”界面中单击“书法字帖”图标，如图13-19所示。

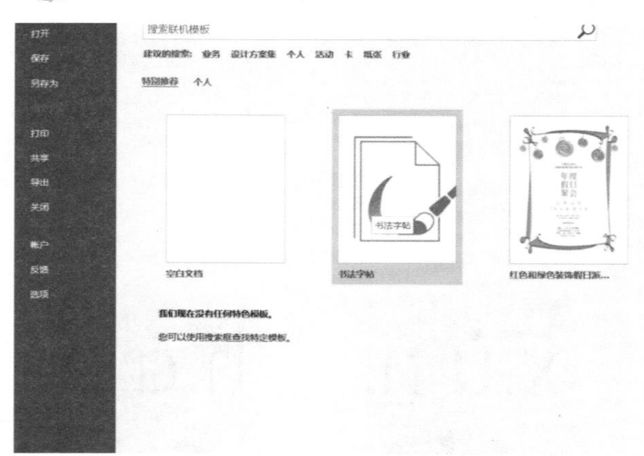

图13-19 创建书法字帖

第二步：接下来选择希望练习的字体，如图13-20所示。

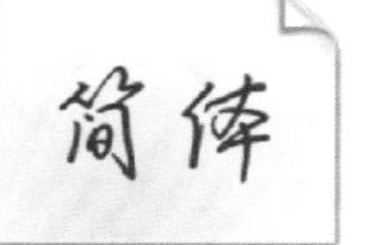

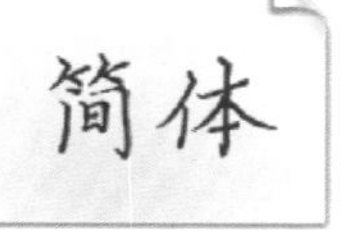

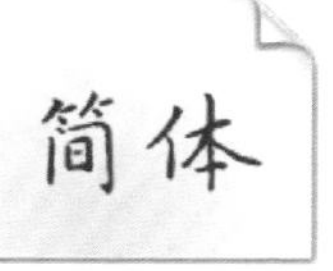

图13-20 选择字体

第三步：打开如图13-21所示的“增减字符”对话框，在下面的“可用字符”列表框中选择所需字符；然后单击“添加”按钮，把其添加到“已用字符”列表框中；最后单击“关闭”按钮，即可完成字帖的创建。

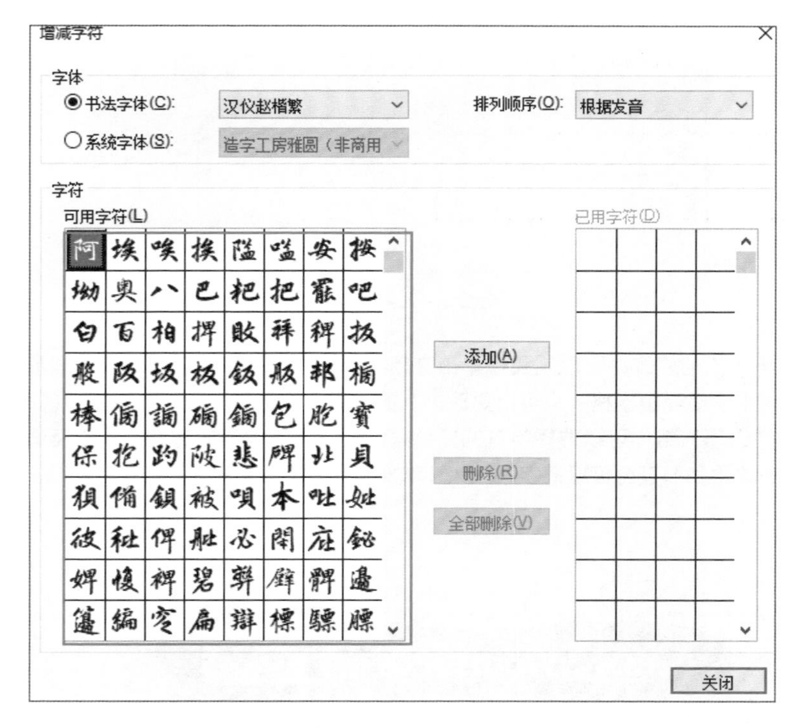

图13-21 选择字符

字体也很简单，直接双击后缀名为.ttf的字体文件，按照提示进行操作即可。

张卓：此时字帖自动出现了，如图13-22所示。把它打印出来，然后就可以开始描红练习了。

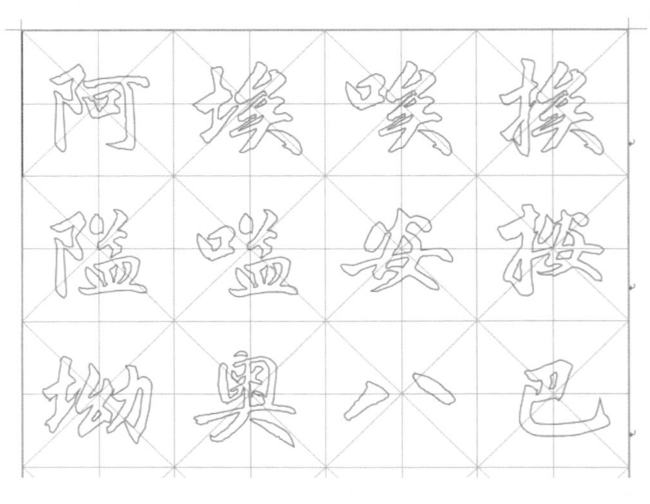

图13-22　字帖

如果你想做进一步的修改，可以用鼠标单击文档，打开“书法”选项卡。在该选项卡中，可以更改网格的样式，如用米字格或田字格，也可以更改排列的方式，甚至可以对字符进行增减等。

此外，通过“选项”组你可以选择字符的颜色是红的还是其他不同的颜色，以及选择网格的颜色、线型及粗细等。在这里我们甚至可以把字幅放大，选择行/列数等。

13.4　Word转PDF

小虾：师父，PDF和Word怎么来回转换呀？

张卓：PDF和Word的相互转换是一个很常见的问题。在使用Word的过程中，有很多小伙伴会问我如何把Word文档转换为PDF文件，或者如何把PDF文件再转回Word文档，接下来我就介绍一下。

首先是Word转PDF。从Word 2007版本开始，我们就已经可以把Word文档通过另存为的方式保存成PDF文件了。只需单击“文件”菜单项，在弹出的下拉菜单中选择“另存为”命令，在弹出的“另存为”对话框中将“保存类型”设置为.pdf格式即可。

如果手里是一份PDF文件，又如何把它转换成Word文档呢？对于这种情况，我的建议是到网上去搜索相关工具软件。通常大部分软件是需要付费的，绝大多数免费软件只能转换1～5页不等的文档，超过5页或者超过一定页数便需要付费了。大家可以根据自己的情况去选择。

还有一种情况，如果PDF文件是通过扫描产生的图片，那么使用从互联网上下载下来的PDF转Word软件，有可能无法转换，即便转换出来也是图片的格式。

如果希望图片中的文字也能够直接转换成可编辑文字，那我建议大家到网上去搜索“OCR文字识别”软件，如图13-23所示。在这里你可以付费将图片格式的PDF文件进行上传，或者是下载相关的软件，这些软件可以帮助我们把一些图片扫描成文本信息，识别成可编辑的文字。不过也有可能会遇到扫描精度的问题，这就需要小伙伴们自行选择了。

图13-23　OCR文字识别软件

13.5 保存技巧

小虾：师父！还有一个问题，那天我发了一份文件给同事，然后发现在她的计算机中显示的文档与我的不一样，我的整整齐齐，而她的却乱七八糟，这是什么原因？

张卓：这个问题就涉及Word的保存技巧了。

张卓：怎么才能把我们计算机中使用的字体也传送给文档的阅读者呢？如果对方打开我们发送的文档，发现文字特别乱，最大的原因可能就是，我们在当前文档中所使用的字体在对方的计算机中是没有的。那么该怎么做，对方打开文件后就能够看到我们所用的字体，而不用去专门下载呢？

第一步：在保存的时候，我们选择“文件｜另存为”命令，在弹出的“另存为”对话框中选好保存路径后，单击下方“保存”按钮右侧的“工具”下拉按钮，在弹出的菜单中选择“保存选项”命令，如图13-24所示。

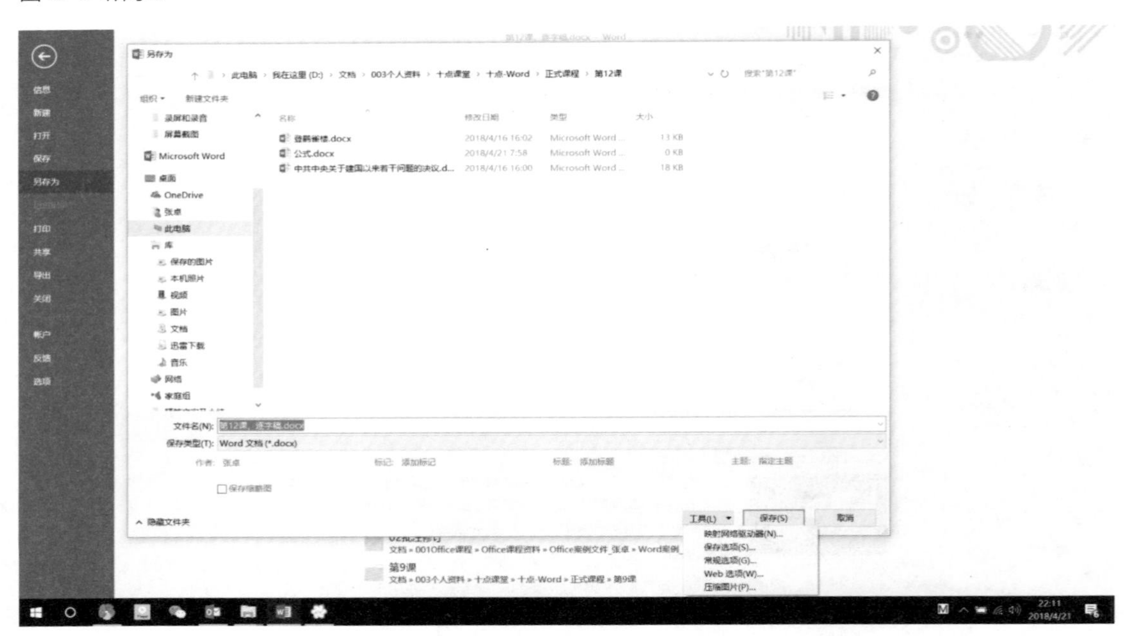

图13-24 选择“保存选项”命令

第二步：在弹出的“Word选项”对话框中，选择“保存”选项卡，勾选“将字体嵌入文件”复选框，然后勾选“仅嵌入文档中使用的字符(适于减小文件大小)”复选框，如图13-25所示。

第三步：单击“确定”按钮，返回“另存为”对话框，单击“保存”按钮即可。

图13-25　将字体嵌入文件

他强由他强，Word拂山岗；

他横由他横，Word照大江。

到今天为止，13次的Word课程就结束了。希望在我的Word秘籍的帮助下，各位的职场江湖路可以越来越宽阔。如果小伙伴们还有什么问题的话，可以关注我的微信公众号“ZZDSHFX”，并在后台给我留言。我会知无不言，言无不尽！长路漫漫任我闯，带一身胆识和热肠!我们后会有期!

课后小结

1.“插入”选项卡的“公式”功能可以帮助我们输入任何形态的公式，如果计算机支持手写，也可以使用墨迹公式输入。

2. 线条快速输入方法如下。

单横线：--- 。

双横线：===。

波浪线：~~~。

粗线：###。

装订线：***。

3. 通过“段落”组可以进行双行合一操作；通过“拼音指南”可以给文字标注拼音；新建文档时可以新建字帖。

课后作业

1. 在下面列出的公式中挑选3个进行输入，如图13-26所示。

$$\sin\frac{\alpha}{2}=\pm\sqrt{\frac{1-\cos\alpha}{2}} \qquad \cos\frac{\alpha}{2}=\pm\sqrt{\frac{1+\cos\alpha}{2}}$$

$$tg\frac{\alpha}{2}=\pm\sqrt{\frac{1-\cos\alpha}{1+\cos\alpha}}=\frac{1-\cos\alpha}{\sin\alpha}=\frac{\sin\alpha}{1+\cos\alpha} \qquad ctg\frac{\alpha}{2}=\pm\sqrt{\frac{1+\cos\alpha}{1-\cos\alpha}}=\frac{1+\cos\alpha}{\sin\alpha}=\frac{\sin\alpha}{1-\cos\alpha}$$

$$\int tgxdx=-ln|cos\,x|+C$$

$$\int ctgxdx=ln|sin\,x|+C$$

$$\int sec\,x\,dx=ln|sec\,x+tgx|+C$$

$$\int csc\,x\,dx=ln|csc\,x-ctgx|+C$$

$$\int\frac{dx}{a^2+x^2}=\frac{1}{a}arctg\frac{x}{a}+C$$

$$\int\frac{dx}{x^2-a^2}=\frac{1}{2a}ln\left|\frac{x-a}{x+a}\right|+C$$

$$\int\frac{dx}{a^2-x^2}=\frac{1}{2a}ln\frac{a+x}{a-x}+C$$

图13-26 公式

2. 选一首唐诗，然后加上拼音。

3. 自己做一份字帖，开始练字吧！